# 迷人的宇宙

The Marvelous Universe

从宇宙大爆炸到外星文明

孙成义◎著

文化发展出版社
Cultural Development Press

**图书在版编目（CIP）数据**

迷人的宇宙 / 孙成义著． — 北京 ：文化发展出版社有限公司，2019.7

ISBN 978-7-5142-2700-0

Ⅰ．①迷… Ⅱ．①孙… Ⅲ．①宇宙－普及读物 Ⅳ．①P159-49

中国版本图书馆 CIP 数据核字（2019）第 137119 号

**迷人的宇宙**

作　　者：孙成义

---

责任编辑：魏　欣

产品经理：杨郭君

监　　制：白　丁

出版发行：文化发展出版社有限公司（北京市翠微路 2 号）

网　　址：www.wenhuafazhan.com

经　　销：各地新华书店

印　　刷：三河市嘉科万达彩色印刷有限公司

---

开　　本：700mm×980mm　1/16

字　　数：148 千字

印　　张：15.5

版　　次：2019 年 8 月第 1 版　2019 年 8 月第 1 次印刷

I S B N ：978-7-5142-2700-0

定　　价：49.80 元

本书若有质量问题，请与销售中心联系调换。电话：010-82069336

# 目 录

# 第一章

# 我们的太阳系

在太阳系八大行星中，水星与太阳最为靠近，在近日点与太阳相距只有 4600 万千米，远日点也不过 7000 万千米，总的来说，还不及日地距离的一半。

## 一、宇宙的中心?

对于今天的人来说，“地球绕着太阳转”是再基本不过的常识。但是在大约 500 年之前，这却是天文学领域一个最前沿、最令人震惊的观点，人类对于宇宙的认识从那时起发生了巨大的转变。

从人们的直观感受来讲，我们所在的地球是永恒不动的，而太阳、月亮和星辰则在不停地围绕着它转动。“地球是宇宙的中心”，这个观点在古人的头脑中是根深蒂固的。在“地心说”的基础上，古希腊的许多哲学家都做过一些尝试，力求构建一个能够完美解释宇宙运行规律的模型。其中，亚里士多德构建的“九层水晶球”宇宙模型对后世影响最为深远。在这个模型中，宇宙是一层套一层的同心水晶球，最核心的内层部分是地球，向外依次是月球、水星、金星、太阳、火星、木星、土星、恒星。恒星层之外称为“宗动天”，那里被认为是宇宙运转的动力所在。过去西方的一些占星家常常把水晶球当作最不可或缺的占卜工具，就是受到这个模型的影响，他们认为自己的水晶球就代表着整个宇宙，看到它的同时也就窥见了整个宇宙的秘密。

在亚里士多德的模型中，天体运行的轨迹都是非常完美的圆周，其中每颗行星在一个被称为“本轮”的小圆周上匀速运动，而本轮的中心则围绕地球沿着另一个被称为“均轮”的更大圆周匀速运动。运用这个模型，很多天文现象如行星的逆行、亮度的变化等都得到了很好的解释。随着时代的进步，人们对各种天文现象有了更多的认识，亚里士多德的水晶球模型显现出了越来越多的瑕疵，因此，很多天文学家对其进行了改进和修正，例如，把地球从均轮的中心稍稍偏移一些，使之成为偏心的本轮均轮系统。

大约在公元 140 年，希腊天文学家托勒密在前人工作的基础上进行了全面的总结，构造了有史以来最为完美的地心宇宙模型。在托勒密构建的模型中，地球仍然处于宇宙的中心岿然不动，它外层的天体由近及远依次是月球、水星、金星、太阳、火星、木星、土星和各个恒星，恒星之外的部分称为“最高天”。金、木、水、火、土五大行星在本轮上运动，但日、月没有本轮；水星、金星的本轮中心始终在太阳与地球的连线上，日、月、行星除了做更为复杂的轨道运动外，还与恒星一起，每天进行东升西落的周期运动。依据托勒密的理论，只要选定各个本轮和均轮大小的比例、两个平面的交角及各自不同的运动速度，就可以在当时的观测精度下，比较正确、圆满地解释各种天文现象，甚至可以预报行星未来的位置以及日食和月食的发生。

托勒密的地心宇宙模型，在其诞生后1400多年的时间里，一直都被人们视作不可动摇的真理，极少有人敢于提出质疑。然而，要运用托勒密模型去解释或预测天象，所要面临的诸多困难也是绝对不容忽视的。完整的托勒密模型所需要的辅助圆至少有80个，在一个本轮的外层往往还要额外加上好几级更小的本轮，大圈小圈环环相扣。在当时，即使是一个具备不错的数学素养的学者也常常因为它计算时的烦琐而被弄得晕头转向。中世纪西班牙国王阿尔方斯十世在召集天文学家编制新的《天文表》时，深感托勒密的宇宙是如此复杂，不禁向人抱怨说："假如上帝当年创造世界的时候向我请教的话，他就不会把这个系统弄得那么复杂了。"

到了16世纪，波兰天文学家哥白尼开始向托勒密的"地心说"发起挑战。起初，哥白尼也是认同托勒密模型的，但是随着研究的深入，他开始渐渐地发觉这种体系的种种弊端。哥白尼怀疑这种理论可能存在某些小的错误，其中"不是忽略了一些必不可少的细节，就是被硬塞进了毫不相干的东西"。哥白尼尝试在托勒密原有理论体系的基础上进行改进和完善，前后足足花了30年的光阴，但到头来他却发现，这些修修补补的工作根本无济于事，托勒密模型实际上存在着根本性的错误。哥白尼认识到，宇宙的中心其实是太阳，地球只不过是一颗普通的行星，它和水星、金星、火星、木星、土星一样，从内到外地排列在不同的圆周轨道上围绕着太阳公转。哥白尼的日心模型，从细节上来看，很大程度上保留了托勒密理论，尽管改动的地方很少，但却是十足关键。当地球不再占据中心，相比于此前的复杂和烦琐，整个宇宙模型一下便呈现出了令人赞叹的简洁和美丽。

哥白尼提出“日心说”是天文学史上最重要的大事件之一，对后来天文学的发展影响极为深远。从前，人类理所当然地认为自己的所在便是宇宙的中心，宇宙万物虽多、空间虽大，却仍要不停地在我们的身边旋转。地球的位置是特殊的，我们人类理应也是整个宇宙中最受造物主垂青的，我们与众不同。但是现在哥白尼却告诉人们，地球根本不是宇宙的中心，它像金星、火星等一样，是一颗再普通不过的行星。太阳东升西落，不是它在围着我们转动，仅仅是地球日复一日的自转而已。现在是时候放下骄傲了，我们只是宇宙中平凡的一个，没有任何特殊之处——这被称为“哥白尼原理”。

众所周知，哥白尼革命是现代天文学的开端。实际上，哥白尼直到临终前，才将他的“日心说”巨著《天体运行论》公开出版。由于著作使用的语言是拉丁语，这是那个时代的标准学术用语，广大民众并不能够看懂，所以在其出版后并没有立即掀起很大的波澜。直到后来，“日心说”的两位伟大信徒约翰内斯·开普勒和伽利略·伽利莱分别从数学计算和实际观测两个不同的角度为其提供可靠的支持，哥白尼的理论才最终发扬光大。

在17世纪的前几年，荷兰人率先发明了望远镜。1609年5月的一天，伽利略正在威尼斯城进行学术访问。在一个偶然的情况下，他获知了一些有关望远镜的信息。伽利略对此产生了极其浓厚的兴趣，很快便借故提前结束了这次行程，匆忙回到自己的实验室，开始尝试自己制作望远镜。很快，伽利略就掌握了其中的诀窍，亲手磨制出了能将物体放大3倍的望远镜，并将其安装在威尼斯的一座高楼上供人参观。一时之间，全城轰动，无数人争相前往见识这个新物件。没过多长时间，在同年8月，伽利略又制造出一个更为精密的望远镜，放大倍率高达900倍，这一次伽利略将镜头指向了天空——人类历史上第一架天文望远镜诞生了。凭借这件利器，伽利略打开了新世界的大门。他将镜头对准了月亮，发现上面布满了大大小小的环形山和纵横交错的山脉等。接着，他又试着利用望远镜观测太阳，在人类历史上第一次发现了太阳黑子。

在1610年1月，伽利略开始对木星进行观测，这时他发现了4个肉眼很难辨清的小光点在绕着木星运动。伽利略意识到，这应该就是木星的卫星，它们转动的中心并不是地球。此外，不久之后伽利略还观测到，金星展现出了类似月亮一样的盈亏变化，这说明它是在围绕着太阳转动。这两个观测有力地驳斥了托勒密的理论体系，为哥白尼学说提供了极为直观的佐证。

不久后，伽利略将他的观测发现公之于世，公开表示了对哥白尼理论的支持。这在当时引起了巨大的轰动，“眼见为实”，望远镜中的景象要比哥白尼晦涩的论文直观得多，更容易引起人们的关注。“日心说”不仅颠覆了1400多年的主流宇宙模型，而且与人们一直信奉的宗教教义也存在很大的矛盾。这引起了罗马天主教廷的注意，他们将哥白尼的著作列为禁书，并劝说伽利略尽早放弃他的研究。1632年，伽利略没有理会教廷的警告，冒着巨大的风险出版了《关于两大世界体系的对话》一书，以对话的方式将托勒密与哥白尼的两种宇宙理论放在一起比较，把“地心说”批驳得体无完肤。为了能够更广泛地传播，这部书所用的不是拉丁语，而是更为通俗的意大利语。伽利略的这一举动引起了教廷极大的震怒，最终宗教法庭以酷刑威胁他收回观点，并将他软禁起来，一直到他去世。

开普勒与伽利略基本生于同一时代，他最早接触哥白尼学说是在大学期间。那时，哥白尼的“日心说”被认为离经叛道，很少有人支持这种观点。尽管在课堂上所学的都是托勒密的宇宙理论，但是在私下里，一位开明、睿智的数学老师麦斯特林教授却向年轻的开普勒介绍了哥白尼的新学说。开普勒天资聪颖，数学天分非常高，很快认识到日心说的优越性，从此成为哥白尼学说坚定的拥护者。

1596 年，年仅 25 岁的开普勒出版了《宇宙的奥秘》一书，书中描述了他基于哥白尼“日心说”构建的一种别出心裁的宇宙模型。那时，年轻的开普勒深信上帝所创造的宇宙是和谐完美的，行星的距离必定存在某种美妙的规律。古希腊时期的数学家就已经证明，几何学中只有 5 种不同的正多面体，分别是正四面体、正六面体、正八面体、正十二面体和正二十面体，这些立体图形的每条边长都相等，看起来非常完美。开普勒因此想到，或许行星轨道的天机就蕴藏在这里。经过一系列的试算，开普勒设计出 5 种正多面体嵌套而成的宇宙模型，它被划分成 6 层不同的空间，水星、金星、地球、火星、木星、土星从内到外有序地排布。在他的设想中，运用这个模型，可以算出各行星围绕太阳转动的轨道半径。为此，开普勒兴奋不已，热泪盈眶，他相信自己得到了上帝的启示，已经掌握了宇宙的奥秘。兴奋的开普勒将最新完成的著作广泛寄赠给当时许多知名的天文学家，其中就包括丹麦伟大的观测天文学家第谷·布拉赫。

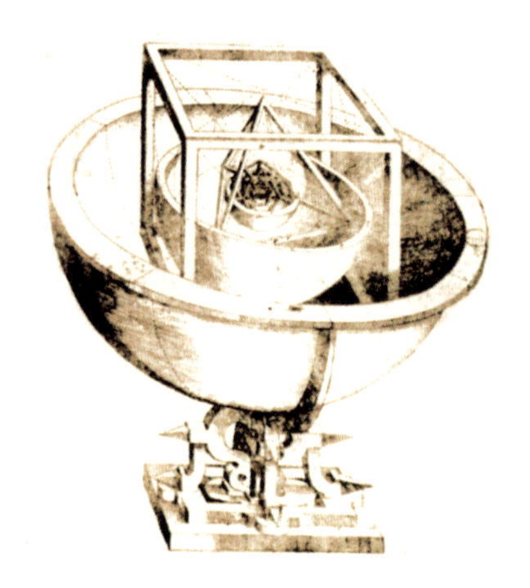

青年开普勒建立的宇宙模型

第谷收到开普勒的赠书后，很快看出开普勒模型中的问题，断定这只是一种“聪颖而又能够自圆其说的冥思苦想”。但与此同时，他也因开普勒在理论思维和数学计算方面的才能而对其青睐有加。于是，第谷向开普勒发出邀请，希望他能够成为自己的得力助手。开普勒知道，第谷是观测天象的大师，积累了大量行星运动的宝贵资料，在他的手下工作，不仅能够获得稳定的收入，而且有机会接触到这些资料，这势必对自己的研究大有裨益，于是便答应了。那时，第谷也正在构建一种新的宇宙模型，既不同于托勒密的地心模型，也不同于哥白尼的日心模型。从本质上讲，第谷的理论体系是二者的折中体系，他承认托勒密学说中存在诸多问题，但其固有的哲学观点又使他不肯放弃地球在宇宙中的独特地位。在第谷的模型中，金、木、水、火、土五大行星围绕太阳运行，而太阳则带着它们一起围绕着宇宙的中心地球转动，地球保持着永恒的静止，最外层的恒星每天绕地球转动一周。第谷对自己的宇宙模型颇为自负，认为这是“取其精华，去其糟粕”的产物，既保留了二者合理的部分，同时又避免了“托勒密在数学上的荒谬和哥白尼在物理上的悖理”。不过，第谷的理论体系还远没有搭建好，许多问题都亟待解决。现在，他将年轻的开普勒召唤到身边，正是为了弥补自己在理论思维方面能力的不足，帮助自己完善这个折中的宇宙模型。

回顾第谷与开普勒之间的合作，实际上远远称不上融洽。第谷出身贵族，声名显赫，性格古怪粗暴，年轻时甚至因为与人争执而在决斗中被砍掉了鼻子；与之相比，开普勒出身贫寒，靠着奖学金读完大学，在当时也几乎完全没有名气，二人之间几乎没有任何共同之处，相处起来是颇为不易的。第谷要求开普勒做理论研究，但却一直对他心存戒备，只提供与研究火星运动有关的部分观测资料，其他资料都被第谷秘密地封存起来，开普勒根本接触不到。尽管开普勒因为不能获得更为全面的观测资料而备受熬煎，但性情和顺、为人恭谨的他还是保持了足够的耐心，他曾说：“上帝用不可改变的命运把我和第谷联系在一起，即使我们发生了严重的争执也不许我们分手。”

如果相处的时间足够长久的话，这两位天文学巨匠或许最终能够在合作中慢慢建立彼此之间的默契。但令人遗憾的是，在 1601 年第谷就因为一场突然的疾病而溘然长逝了。在弥留之际，第谷将自己一生积累的行星运动资料全部交与开普勒，要求他继续研究自己尚未完成的事业，并郑重地托付道："不要辜负我的一生。"开普勒守候在第谷的身旁，眼里含着热泪点头答应。

第谷的观测资料精确度极高，这是开普勒后来能够成功的基础。获得资料后，又经过多年的不懈努力，开普勒终于发现了行星运动三大定律，其内容如下。

开普勒第一定律，也称椭圆定律：所有太阳系中的行星围绕太阳运动的轨道都是椭圆。

开普勒第二定律，也称面积定律：在相等的时间内，太阳和运动着的行星的连线所扫过的面积都是相等的。

开普勒第三定律，又称调和定律：行星围绕太阳运动的周期正比于其轨道半长轴的三次方。

从 1617 年到 1621 年，开普勒分三卷出版了他的代表作《哥白尼天文学概要》，这套书并不是要详尽阐释介绍哥白尼的理论体系，主要内容实际上是建立在哥白尼日心说基础上的开普勒自己的天文学理论，其核心就是他所发现的行星运动三大定律。运用开普勒三大定律，不仅可以完美地解释行星过往的运行，更重要的是，只要确定任意时刻的行星位置，就能够对行星未来的位置做出相当精准的预判。

回顾开普勒三大定律的发现，不得不让人感叹其过程的艰辛。在向读者介绍椭圆定律与面积定律时，开普勒足足列出了900页的计算过程，并说道：“如果这套繁杂的方法使您充满了厌烦，那么您自然更会对我充满怜悯，因为我在这上面至少花费了70倍的时间。”在研究的过程中，开普勒还要时时与贫困和饥饿做斗争。曾经，开普勒作为皇家数学家，依靠国王鲁道夫二世资助研究经费维持生计，但当战争发生之后，国库空虚，皇室长期拖欠着薪金不发。开普勒写信向国王请求帮助，结果也是杳无音信。他悲哀地形容自己说：“我饥肠辘辘，就像一条狗似的瞧着喂我的主人。”最无奈的时候，开普勒甚至不得不为别人占星算命、编纂星占历书来勉强糊口。

是什么导致了行星围绕着太阳无休止地转动？又是什么阻止了行星飞向更远的太空？开普勒多年苦心孤诣，总算弄清了行星是在做着怎样的运动。可是，谁来告诉我们，行星为什么会做这样的运动？

18世纪英国著名诗人亚历山大·蒲柏有一段极有名的诗句：

自然和自然的法则隐藏在黑暗之中。

上帝说：“让牛顿去吧！”

于是一切成了光明。

在1642年的圣诞节，艾萨克·牛顿降生在英格兰林肯郡。在他23岁那年，黑死病席卷欧洲，夺走了无数人的生命。为了躲避这场瘟疫，原本在剑桥求学的牛顿不得不中断学业，回到了相对安全的家乡。在蛰伏故乡的两年间，牛顿最终从本质上破解了开普勒行星运动定律，他终于发现，行星之所以做着开普勒所描述的那种运动，其原因正是万有引力定律，即宇宙中任意两个物体之间都存在相互吸引的力，这个力的大小与这两个物体的质量成正比，与它们距离的平方成反比。万有引力定律的重要性，无论怎么形容都不为过。在本书后面的内容中，我们将不断地提及它在天文学中的应用。

# 二、类地行星

## 水　　星

在太阳系八大行星中，水星与太阳最为靠近，在近日点与太阳相距只有4600万千米，远日点也不过7000万千米，总的来说，还不及日地距离的一半。正是这个缘故，水星常常紧紧伴随在太阳的身边，它的光芒往往被太阳所淹没，要见到它一面是颇不容易的。除了日全食这种难得的机会，我们要想看到水星，只有把握好在太阳升起前或刚落下的一小段时间，在地平线附近搜寻它的身影。不过，在接近地平线的位置，地球大气的扰动和折射同样会给观测带来不小的困难，如果地平线附近恰好又有高山、城市建筑的阻碍，

水 星

那么要看到水星可就更是难上加难了。水星实际上是全天排名第六的明亮天体，仅次于太阳、月亮、金星、火星和木星，比天狼星、老人星、土星等还要亮，但是大多数人都觉得水星与它们相比要更为陌生，很多人甚至终其一生都无缘得见。就连现代天文学先驱哥白尼在波兰都完全没有机会亲眼观测水星的运动，其不朽巨著《天体运行论》中涉及水星的观测数据全部采自他人，为此他一直引以为憾。

在中国古代，水星又被称为“辰星”；而在西方，它的名字叫墨丘利（Mercury）。墨丘利是古罗马神话中众神的使者，对应于希腊神话中的赫尔墨斯，传说他是神王朱庇特与女神迈亚的儿子，头上戴一顶插有双翅的帽子，脚穿飞行鞋，手持双蛇缠绕的神使杖，在天空中日行千里，行走如飞，为天神带去新的消息。水星和墨丘利一样，也是一个“神行太保”，它公转的速度非常快，平均速度高达每秒 48 千米，仅需要 88 个地球日，它便能够环绕太阳转完一圈。按照我们的看法，水星上的“一年”可真是够短暂的。

水星是太阳系八大行星中个头最小的一个，它的质量大约相当于地球的 1/20。因此，它很难产生足够大的引力形成大气层，大气分子很容易便逃逸了。再加上炽烈的太阳就在不远之外，高温烘烤之下，大气散失得就更快了。水星，与它的名字所带来的暗示不同，这个星球的环境实际上极其恶劣。水星与太阳的位置过于靠近，它在正午时分能够达到400℃的高温，一些熔点低的金属，如铅、锡等甚至会熔化为液体。但是，由于大气层的缺失，热量散失得很快，在日落之后水星的表面温度又会急剧地降低，最冷时能够低至 -180℃左右，在一昼夜之间，温差竟然达600℃之多。

## 金　星

整个天空中最明亮的天体是什么？排名前两位的当然是太阳和月亮，这是毫无疑问的，而坐第三把交椅的便是离我们地球最近的行星——金星。金星的亮度大约是夜空中最亮的恒星天狼星的10倍，在最亮的时候，金星能够在白天依然隐约可见。在没有月亮的夜晚，金星甚至能够照出地面上物体的影子来。金星闪烁美丽的光芒，引人注目，因此被西方人称为“维纳斯”（Venus），是罗马神话中爱与美的女神（希腊神话中的名字叫阿佛洛狄忒）。维纳斯是众神之王朱庇特的女儿，在后来成为战神玛尔斯的情人，她将人类所有的女性美集于一身，是艺术家们最热衷表现的形象之一，最经典的便是法国巴黎罗浮宫中的那个高约两米的断臂古雕像，其无与伦比的魅力一直令世人赞叹。在古代中国，金星又被称为“太白”，是征战兵革之事的象征。例如，唐代大诗人李白在一首战争诗中写道：“云龙风虎尽交回，太白入月敌可摧。”抒发了扫灭胡虏的壮志豪情。

金星又被称作“启明”和“长庚”,《诗经》中就有“东有启明，西有长庚”的诗句。这是因为，通常情况下，我们观测到金星时，都是在太阳升起之前或太阳落山之后的一段时间之内。金星是除水星外最靠近太阳的行星，二者相对地球来讲同为内行星，因此只能在天空中比较接近太阳的区域才能够找到。金星与太阳的角度差最多可达 47° ，远比水星要大，我们已知地球上各点（除南北极外）自转角速度为 15° /h，这样算来，金星可以在日出之前或日落之后在天上逗留大约 3 个小时。

金星的表面裹着相当厚实的大气，好似一层神秘的面纱，让世人难以得见“维纳斯”的真容。很长一段时间以来，天文学家一直将金星视作地球的孪生姐妹，因为无论是大小、密度还是与太阳的距离，二者都相去不远，两个行星的共同之处实在太多了。于是人们不禁期待，在金星浓厚的大气层下面，也许是一片茂密的热带雨林，那里阳光充足、雨水丰沛、天气闷热，充满了生命的跃动……由于射电天文学的发展，在 20 世纪 50 年代，这种期待最终被证明纯粹是我们的一厢情愿而已。射电望远镜的观测显示，金星的表面温度极高，几乎是一片高温、干燥的炼狱，生命难以存活。此后美国、苏联都曾发射探测器实地测量，结果证实金星的温度居然高达 480℃！金星与地球这对各方面都很相似的姐妹，究竟是什么缘故使它们在后来形成了这样大的反差？答案是一个我们时常听到的名词——“温室效应”。天文学家通过对金星大气成分的研究发现，金星大气的主要成分为二氧化碳，占总体积的96.5%，剩余的3.5%几乎全是氮气，其余还有些微量的水蒸气、二氧化硫、氩气。如今尽人皆知，二氧化碳是“臭名昭著”的温室气体，它能够吸收地面反射的红外辐射，大大抑制了金星表面热量的流失，宛如罩在金星表面的一个巨型玻璃暖棚。这样一来，当太阳光射入后，热量便很难再散射出去，温室中的热量渐渐积攒，最终使金星成为太阳系中温度最高的行星。

“太阳从西边出来”，我们常用这句话表达对某些事情的惊讶或形容某事的不可能。不过，假如我们身在金星，我们可就不能这么说了，在那里，太阳的确是从西边出来的。金星的自转极具特色，其方向与太阳系其他天体相反，也与其公转的方向相反。这意味着，在计算行星的一昼夜的长度时，水星、地球等太阳系行星的公转与自转是同一方向的追及问题，而金星则是公转与自转相向运动的相遇问题，其结果必然是金星的太阳日明显地小于恒星日。金星本身的自转速度很慢，243 个地球日才慢慢悠悠地转完一圈，已知其公转周期为 224.7 个地球日，可以求出金星的一昼夜时间为 117 个地球日。也就是说，金星的 1 “年”只相当于大约 2 “天”的时间而已。可以想象，假如我们身在金星，在早上面向西方观看日出的景观，仅仅是太阳从地平线上露头到圆球全部升出，前后就要花费数个小时之久！

## 地　　球

在太阳系中，地球是唯一适宜生命繁衍的星球，正是由于其种种得天独厚的优越条件，才孕育出人类这样的高级智慧生命。地球与太阳的距离恰到好处，在八大行星中，地球是除水星、金星外与太阳距离最近的行星，既不会由于离得太近而遭受阳光炙热的烘烤，又不至于因为离得太远而被黑暗与冰冷包围。而且，地球的自转与公转十分相宜。地球的自转周期为 24 小时，这使得地球上一天的温度既能呈现出有规律的变化，又保证了温度差不至于过大。就像在炉火上烧烤食物，必须及时地翻转才能避免烤煳，才能获得均匀的热量。同样的道理，地球公转周期为 365 天多，自转轴保持着约 23° 的倾斜角度，又使得季节与气候呈现出以年为周期的节律。自转和公转带来的周期节律，对于大多数生物的生命周期和生活规律都是至关重要的。还有，地球的引力场和磁场等，对于生命的存在也都具有极为重要的意义。

地球只有一个天然卫星，它就是 38 400 千米外的月球。人类于 1969 年 7 月 20 日成功地登陆到月球的表面，美国宇航员阿姆斯特朗在上面留下了第一个人类的足迹，就像他自己说过的那样：“对一个人来说，这是一小步，但对整个人类来说却是一大步。”不出意外的话，阿姆斯特朗的这些足迹将会保存到千万年之后。什么缘故呢？因为月球的质量很小，它的上空并没有大气层，地表也没有水，刮风、下雨等天气变化都不会产生，印在月尘上的足迹将不会受到侵蚀。当然，在十分偶然的情况下，这些足印倒是可能被突然而至的陨石砸坏。由于没有大气层的保护，月球表面遭受陨石袭击的频率很高，并由此产生大大小小的环形山，这几乎布满了整个月球表面。

## 火　星

太阳系的第四颗行星是火星。在夜空中，它荧荧如火，发出神秘而又令人疑惑的红色光芒，因此中国古人又把它称为“荧惑”。在西方，火星是罗马神话中的战神玛尔斯（希腊神话中的阿瑞斯），他英勇果敢、逞强好胜，所以人们说，火星那红色的光芒就是玛尔斯燃起的战火和溅在身上的血污。现代的行星探测证实，火星的红色外观其实归因于其表面存在着大量的氧化铁，也就是说，它实际上是一个“生锈”的星球。

火星在地球轨道外绕太阳运动，因而被称为外行星。我们从地

火　星

球上观测，内行星总是被限制在太阳附近，只有日出前或日落后的一段时间才可能看到。与之相比，外行星则要“自由”得多，即使是半夜也可能观测到它们。当地球与火星隔着太阳正好相对，此时火星的位置叫“合”；而当地球与火星在太阳的同侧对齐，此时火星的位置称为“冲”。火星冲日时，它们与地球距离最近，而且整夜可见。太阳刚一落山，火星便从东方的地平线升起，至午夜时刚好升至中天，在黎明时分才从西方落下。我们知道，太阳系所有行星的运行轨道都是椭圆，火星的偏心率尤其大，因此同样是冲日，也有很大的不同。如果赶上火星在近日点附近，地球与火星之间的距离能够接近到 5600 万千米左右，这种有利的情况称为“大冲”；如果不巧正赶上火星运行到远日点附近，地球与火星则不够接近，相距可达 1 亿千米以上，这就只能叫“小冲”了。火星大冲大约 15 年发生一次，如果条件有利的话，观测者肉眼甚至能够区分火星上 100 千米尺度的特征。在 21 世纪初的 2003 年 8 月 29 日，人类迎来了有史以来最接近的火星大冲，火星与地球之间只有 5576 万千米，火星亮度达到了 –2.9 等，这是几万年才有的一次绝佳机遇，全世界的天文爱好者几乎都为之疯狂。就在最近，2018 年 7 月 27 日又发生了一次名副其实的火星大冲，为 2003 年以来的最近距离，约为 5759 万千米，也是十分难得的。

火星大冲是天文学家观测、研究火星的最佳时机，在望远镜精度还不够高的时代，不少发现都是借着大冲的机会完成的。1877年夏天的火星大冲期间，意大利布雷拉天文台台长斯基帕雷利通过细致的观测发现，火星表面存在着复杂的“Canali”。“Canali”在意大利语中的意思是“有规则线条”，可译作“水道”或“沟渠”，与之对应的英文翻译应该是“Channel”才对。然而，当时的一些好事者却将其错误地翻译为“Canal”，即“人工开凿的运河”。仅仅几个字母的差异，在后来竟逐渐掀起了一场巨大的风波。当时正值举世瞩目的苏伊士运河通航不久，巴拿马运河即将开凿的新闻也传得沸沸扬扬，天文学家在火星上发现“运河”的消息一经传出，立即触动了大众敏感的神经。火星上的运河能够被人类观测到，说明其宽度应该有几十千米，其长度更不用说了——要知道，当年人类耗费大量人力、物力开凿十年之久的苏伊士运河，其长度不过160千米，宽度只有不到200米而已。火星上居然有这样大型的运河，这意味着，必定有远比人类更为先进的智慧生物生活在火星上！一时之间，“火星人”成为公众热议的话题。

看起来，似乎越来越多的证据倾向于证明火星生命的存在。天文学家不久又发现，随着火星上四季的更替，火星南北两个极冠的大小也随之做周期性的改变，冬天的时候面积较大，而到了最热的夏季则几乎完全消失。还有，火星上的一些暗色区域也因为季节的不同而呈现出很有规律的变化。对此，他们给出的解释是，火星两极冰盖随着夏天温度的升高而融化为水，暗色区域为火星的植被，由于季节的不同而扩张或消退。这样看来，火星的环境似乎颇适于生物的生存。

人们逐渐对火星生命的存在深信不疑了。从 19 世纪末开始，一大批以“火星人”为主题的科学幻想作品纷纷涌现，最著名、影响最大的当数英国科幻作家威尔斯的《宇宙战争》了。威尔斯在这部作品中描述了一个具有更高智慧文明的火星人因为寻找下一个水源充足的殖民地而派遣远征军侵略地球的故事。这部小说后来被改编成电影，名为《大战火星人》，此后又被改编成广播剧，产生了轰动性的影响。1938 年这部广播剧在美国首次播出时，由于其逼真的艺术效果，很多人都信以为真，以为“火星人”真的要在新泽西州登陆地球。为此，附近的许多居民争相逃离本地，有的人甚至由于极度的恐惧而选择自杀！还有不少人出于好奇，从各地赶来冒险一番，希望能够亲自见识一下“火星人”的真容。这次事件搞得人心惶惶，导致电台方面最后不得不出来发表声明，澄清这不过是一部虚构性作品而已，并向公众诚恳地表达歉意。类似这样的事件在那个时代时有发生，可以说，当时的火星已经成为一个人类展现幻想的舞台。

直到太空时代来临，“火星人”幻想的泡沫才被彻底地戳破。在 20 世纪六七十年代，美国宇航局（NASA）先后派出一系列飞船访问火星，其中“水手4号”飞船于1965年7月15日首次从距离火星9850千米处掠过，向地球发回了21幅火星的近距离照片。人们这时才意识到，原来火星上那些所谓的“运河”，不过是排成一线的环形山，而那些随着季节而不断变化的“植物带”，其实是每年都会发生、持续数月之久的火星上刮起的“沙尘暴”——随后的“水手9号”于1971年进入环绕火星轨道时恰好赶上这次大尘暴，受到很大的影响，几乎未能完成任务。1976年，“海盗号”探测器到达火星表面，在此之后，人类又多次派出探测器登陆火星，如“勇气号”“机遇号”“凤凰号”“好奇号”等，数十年间采集了大量的珍贵资料，人类对火星的认识更为深入。火星的大气十分稀薄，大气压只相当于地球海平面大气压的1/150，而其中的主要成分为二氧化碳，占95.3%，其余成分则为氮气、氩气等，氧气仅占0.13%。火星的表面是一片干旱的红色沙漠，平均温度只有-63℃，而且温差很大，在几分钟甚至几秒钟之内，其温度变化幅度高达17～22℃，可谓是大起大落。火星地表不存在液态水，前面我们所说的随季节消长的火星南北极冠，其主要成分实际上是固态二氧化碳，即干冰。夏天时，温度升高，二氧化碳蒸发到火星大气中，极冠消减；冬季时，温度降低，干冰再次形成，极冠增长。在2004年“火星快车号”轨道器探测发现，火星极冠下面蕴藏着巨大储量的水冰，此外也有足够的证据表明，在火星的高纬度地区还

“好奇号”在火星上工作

蕴藏着大量地下冰，有的地区冰的含量高达火星土壤体积的50%。但尽管如此，到目前为止，仍没有真正令人信服的数据证明火星上有液态水的存在。这意味着，火星上很难有生命存在，更不用说具有高等智慧的“火星人”了。

当然，如今没有，并不意味着从来都没有。现在有足够的证据表明，在35亿年前的早期火星，其表面是不乏河流、湖泊甚至海洋的。干涸的河床、河流冲击形成的三角洲、洪水冲击后的遗迹等，这种种迹象都可以看出，早期的火星似乎远比今日要宜居得多。那时的火星，大气更浓密，表面更温暖，液态水也有相当广泛的分布，甚至很有可能一度产生过原始的生命。

1984年，一队来自美国的“陨石猎人”到南极洲考察，发现了一块重约2千克的陨石。起初它并没有引起科学家的注意，可是进一步的研究表明，这块陨石居然来自40.91亿年前的火星。它从火山熔岩中结晶而成，后来由于撞击而被抛撒到了地球。经过研究，在1996年8月6日，美国航空航天局的科学家们召开新闻发布会，他们向世人宣布：“我们相信，我们已经发现了火星过去存在生命的确凿证据。”他们的根据是：（1）该陨石中含有多环芳香烃，这种有机化合物通常被认为是植物或其他生物体腐烂过程的产物，很有可能是微生物的遗骸。（2）高倍率的电子显微镜显示，这块陨石中含有磁铁矿、黄铁矿相关的化学成分，这一般被认为是细菌作用下的产物。（3）陨石的显微照片中发现了极微小的蚯蚓状结构，与细菌的形态颇为类似。这个消息在当时引发了各界的震动，时任美国总统克林顿专门为此发表电视演说，他宣称：“美国的太空计划将会全力以赴，以寻觅更多的火星存在生命的证据。”不过，持反对意见者依然是大有人在。他们说，上述所有作为证据的化合物，其实都可以在没有生物参与的情况下完成，而那个蚯蚓状结构也很有可能是植物或矿物的一部分，不一定就是细菌。此外，这块陨石从火星来到南极冰原，已经寂寞地躺了13 000年之久，很有可能早已被地球上的生物所污染。质疑者认为，美国航空航天局这么快就得出结论，未免有些轻率。

在“火星陨石”之后，科学家又有数次类似的发现，但依然没能找到决定性的证据，到目前这个争论仍在持续。近年许多国家已多次发射探测器远赴火星，人类对于火星的认识已经大大超过从前，相信不久就将得到更为明确的答案。但与此同时，我们仍不得不感慨，对于地球之外的世界我们依然知之甚少，即使它是我们的近邻。

## 三、类木行星

### 木　　星

木星是太阳系的第五颗大行星，英文名字叫 Jupiter（朱庇特），是罗马神话中的众神之王（希腊神话中的主神宙斯）。罗马人似乎很有先见之明，这个名字起得十分妥帖，木星的确是太阳系八大行星中的王者。木星半径为 71 500 千米，大约是地球半径长度的 11 倍，如果有人沿着木星赤道做一次环球旅行，那么他的行程将比从地球飞到月球的距离还要遥远。木星的体积极大，如果我们能够把里面掏空，只留一个木星空壳，然后不断向里面填充地球，那么到塞满时差不多可以装下 1400 个地球。木星的质量是地球的

木　星

318 倍，太阳系其他所有行星加在一起质量的总和，还不足木星质量的一半。

毫无疑问，木星是太阳系大家庭里面的“大哥”，事实上，木星也的确时时刻刻都在照看着这群“小弟”。太阳系中的小行星、彗星、陨星等形形色色的“愣头青”，喜欢横冲直撞，很容易一头撞在其他行星身上。而木星由于其自身巨大的质量，它产生的引力也更大，可以俘获这些太阳系的碎片，或者改变其运行的轨道，使之偏向自身。可以想象，假如地球没有木星的保护，那么我们可能时时都要面对来自太空碎片的轰击，根本不可能发展出先进的人类文明。

在我国古代，木星的另一个名字是“岁星”。木星的公转周期为11.86年，大致每12年在天空中绕过一圈。因此，古人根据这个特点，通过判断岁星在星空中的位置来推算年份，这便是所谓的“岁星纪年”。子、丑、寅、卯、辰、巳、午、未、申、酉、戌、亥十二地支以及更为家喻户晓的十二生肖，都是从岁星纪年发展而来的。

木星的外观十分迷人，像一幅油画、一块玛瑙。用望远镜观测木星，我们很容易注意到它那些平行于赤道的条带和一个椭圆形的大红斑——这都是木星大气运动的表象。

木星的条带明暗相间，是大气中对流运动的结果，较热的气体向上运动而形成浅色条带，较冷的气体向下运动而形成暗色条纹，这与地球上导致各种天气过程的高压和低压系统道理一样。不过，在地球上通常只会产生局部的环流或风暴，而木星则是全球性的，这些近乎平行的明暗带纹横向环抱了整个木星。

大红斑实际上是木星上的一个超级特大风暴，最早发现它可以追溯到17世纪中叶，至今已经存在300多年，由英国科学家罗伯特·胡克率先观测到。大红斑位于木星的南半球，其直径平均为地球的两倍左右，自从发现到现在的数百年间，颜色、位置、大小一直都有所变化。

永远不要幻想有一天人类能够登上木星，然后迈出他（宇航

木星大红斑

员）的一小步、人类的一大步，这是不可能的。木星并非像类地行星或者月球那样存在固体的表面，它是一个气态行星，人类根本不可能着陆。木星的主要成分是氢和氦，这是宇宙中最轻的两种元素。我们知道，地球大气中的氢含量是极少的，原因在于引力难以将这样轻的物质留住，它们大部分都逃逸到了太空。而木星则不同，它是个“巨无霸”，拥有远比地球更为强大的引力，在其原始大气形成后的46亿年中，其中的氢和氦几乎从未发生逃逸，一直保留到今日。木星大气的温度和密度随着云盖下深度的增加而不断增加，压力也是越来越大，在到达几千千米的深度时，气体就逐步过渡到了液体状态。继续向下，至20 000千米的深度，压力达到了 300 万倍地球大气压，温度也高达 11 000 ～ 20 000℃。在这种情况下，热的液态分子氢被压缩得极为致密，氢原子中的电子都摆脱了原子核的束缚，变成自由电子。这种状态下的氢已经像液态金属那样能够导电了，因此被称为金属氢。木星的核心与地球等行星的核心化学成分基本一致，只是由于其极大的压力，木星的核心密度极大，温度也极高。

如今我们知道，硕大无朋的木星吸引了 60 多颗卫星在它的身边转动，除早期伽利略发现的四颗大卫星外，其中绝大部分都是直径小于 300 千米的小卫星。1610 年，意大利科学家伽利略运用自制的人类第一架天文望远镜观测木星，惊奇地发现木星周围竟然有四颗卫星在围绕着它运动，这四颗较大的卫星因此被统称为“伽利略卫星”。后来有人给这四颗卫星又分别起了更为美丽、贴切的名字，分别是艾奥（木卫一）、欧罗巴（木卫二）、盖尼米得（木卫三）、卡利斯托（木卫四），都是希腊神话中喜欢拈花惹草的主神宙斯的情人。四颗伽利略卫星各具特色：木卫一常年有火山喷发，表面总是被新一层的火山岩浆覆盖，呈现出光滑的外观；木卫二如今备受关注，研究者推测在它冰质壳层的下方，很有可能存在着液态海洋；木卫三是太阳系最大的卫星，最新的研究表明，它很可能也具有存在生命的条件；木卫四最显著的特征是一座巨大的同心山脊，类似于石子掉入河中激起的一圈圈涟漪，同心山脊很可能是由于彗星撞击到木卫四表面而形成的。

## 土　　星

土星是古代天文学家所认识的行星中最外围的。由于这遥远的距离，土星的亮度远不及金星、木星和火星，即使在冲日亮度最大，也不过 -0.2 星等，亮度尚不及天狼星、老人星这样的恒星。在西方，土星的名字叫萨图恩（Saturn），是罗马神话中的农业之神。在古代，土星又被叫作“填（读作镇）星”，因为它每 28 年（实际上是 29 年多）运行一周天，就好像每年坐镇 28 星宿中的一宿。

总的来说，土星与木星有很多的相似之处，其质量大约为木星的三分之一，算是一个“矮小版”的木星。当然，这种比较是相对而言的，实际上土星的质量比地球要大将近 100 倍呢。木星的体积极大，所以它的平均密度很小，只有 700kg/m³。假如宇宙中有一个足够广阔的海洋的话，土星甚至能够漂浮在它的上面。和木星一样，土星也是一个气态行星，其大气主要成分为氢和氦，内部结构也可分为分子氢、金属氢、岩质内核三层，只不过由于其质量较小，所以内部压力远没有木星那么大。土星因为自转速度很快（自转周期为 10 小时 46 分钟），所以它被离心力拉得很长、很扁，呈现出明显的橄榄球形状，其赤道半径足有 60 000 千米，而极半径

土　星

仅有 54 000 千米。

土星的外观相当美丽，其身旁围绕着一圈极为精致、迷人的光环，令人一见难忘。最先观测到土星光环的是伽利略，不过，那台1610年自制的天文望远镜精度还不够高，他当时并不能真正地将其分辨清楚。伽利略将光环误作土星两侧的肿块，或者是某种三行星系统的一部分，所以他在私下里曾用一组密码记录道："我曾看见最高的行星有3个。"14年之后，荷兰的物理学家惠更斯最先认识到，这并不是什么肿块或行星，而是环绕着土星的光环。于是，他也仿效伽利略的手段，用密码记录自己的发现，翻译过来就是："有环围绕，薄而平，到处不相接触，跟黄道斜交。"

在此之后很长的一段时间内，人们倍感疑惑，这神秘的光环究竟是什么？1857年，英国著名的物理学家麦克斯韦从理论上做出证明，光环不可能是一整块巨大的固体，而是大量整齐排列的松散小颗粒，其直径从几微米到几十米大小不等，它们独立地围绕着土星旋转，犹如无数个微型的卫星。人们注意到，这些小颗粒亮闪闪的，反光率很高，会不会主要成分是水冰呢？后来的雷达观测以及"旅行者号""卡西尼号"飞船最终都证实，这种猜测是正确的，经检验，土星光环颗粒的物质组成与地球上的雪球十分接近，都是水冰夹杂着一些硅质、铁质。土星的光环可谓壮观，总直径超过200 000千米，但却极其单薄，厚度只有10～15米而已。所以，当土星光环的边缘朝向太阳和我们时，光环几乎消失；而当土星的两极朝向太阳时，冰晶颗粒反射太阳的光芒，光环便呈现出无比惊艳的壮丽和明亮。土星的无数个光环颗粒全部加起来，总质量大约为2473亿亿吨，也就是说，假如这些颗粒能够捏合在一起的话，那么它将成为一个与月球大小相仿的"冰卫星"。事实上，这并不是毫无根据的臆想，而是一种对土星光环最初来源的一种合理解释。土星是一颗大质量行星，它强大的潮汐力能够将周围一定距离之内的卫星撕裂成一个个小的碎片。之后，这些无数的碎片沿着一定的轨道独立地围绕土星运动，最终扩散为环绕土星整整一周的光环。

土星和木星一样，也有60多颗卫星，大部分为直径小于400千米的不规则形“冰块卫星”，有六颗直径400～1500千米的中型卫星，还有一颗直径为5150千米的“巨人”土卫六。土卫六的名字又叫“泰坦”（泰坦是希腊神话中的巨神），它曾被认为是太阳系中最大的卫星，只不过在后来“旅行者号”重新评测之后，这头把交椅被木卫三抢了去。土卫六现在是天文学家的宠儿，根据目前的探测结果，这里可能是太阳系中除地球之外最适合孕育生命的地方。土卫六是人类所知道的第一个具有浓密大气层的卫星，主要成分为氮气（约98%）和甲烷（约2%）。它的内部结构犹如一个巨大的三明治，上层是地表之下的水冰，下层是含水岩质内核，而中间的一层则是全球性的地下海洋！也许用不了多久，人类就可能在这里发现生命存在的痕迹。

## 天王星与海王星

在古代，人们所知道的行星只有5颗：水星、金星、火星、木星和土星，它们都是凭肉眼就能够很容易观测到的，亮度较大，能够明显地看出在天空中沿着一定的轨迹运行着。1781年3月13日，英国天文学家威廉·赫歇耳继续他绘制星图的工作，像往常一样用自制的16厘米的望远镜巡视着天空中的暗星。这时，突然一

天王星

海王星

颗与众不同的星体进入了视场。这是什么星体呢？他疑惑不解，只是在笔记中记录道："一个奇怪的东西，像云雾状恒星或者一颗彗星。"为了一探究竟，他换上了放大倍率更高的目镜，这个光点呈现出了一个明显的圆面。赫歇耳确定，他所观测到的天体一定属于太阳系，因为对于恒星而言，不管用多高精度的望远镜观测，也只能使它们的亮度变大而已，绝对不会将光点变成圆面。此后连续好几夜，赫歇耳带着急切的心情再次对其进行跟踪观测，发现这个小圆面的位置相对于周围的其他恒星已经发生了小小的改变。赫歇耳发现了一颗行星！在千百年来人们一直都认为夜空中只有五颗行星，赫歇耳第一次打破了这种固有观念，一时之间，整个欧洲都轰动了。同时代的英国著名诗人济慈曾写下这样的诗句："于是我感到，宛如一个瞭望星空的人，正看见一颗新的行星飘入他的眼中。"可见赫歇耳发现新行星的事件在当时影响有多么大。

威廉·赫歇耳起初想要把自己发现的这颗新行星命名为"乔治星"，这是当时英国国王的名字。不过，大部分天文学家对于这个提议颇为不屑。后来有人主张，不如延续旧例，仍然用古希腊-罗马神话中的天神为行星命名。这个绝佳的方案得到人们一致的赞同，最终新行星被命名为"乌拉诺斯"（Uranus），神话中的天空之神、神王宙斯的祖父，意译为中文就是"天王星"。

天王星与太阳的距离是相当遥远的，其亮度勉强能够达到肉眼观测的极限，在夜空中它看起来和那些最暗淡的恒星没有什么不同。即使在今天，通过地球上最大型的光学天文望远镜进行观测，所见到的也不过是一个微小的淡绿色圆盘，仅此而已。直到1986年“旅行者2号”飞越天王星，人们才第一次近距离地看到它的样貌。天王星的外表呈现出近乎纯粹的美丽的蓝绿色，只在北半球有少许白色的带状云。和其他类木行星一样，天王星大气的主要成分是氢和氦，不过由于质量比木星、土星小（天王星质量只有地球的15倍，约为870万亿亿吨），所以氢的比例相应也更小。天王星最有意思的地方是，它是一颗“躺”着自转的行星，其赤道面与黄道面基本垂直，好像围着太阳在公转轨道上不停地“打滚”。这种奇怪的运动方式，使其“昼夜”和“季节”都变得有趣起来。天王星的公转周期为84年，这意味着这个星球的南极和北极，要经历持续42年之久的漫漫长夜才能够迎来一次日出。

天王星被发现之后，天文学家很快注意到，这颗新行星的运行轨迹常常出乎意料，实际观测到的位置与计算所得到的预测位置总是存在一个微小的偏差。这是什么原因呢？很多天文学家猜测，问题的症结很有可能在于：天王星轨道的外侧存在着另一颗尚未被发现的行星，其产生的引力影响了天王星的正常运动，只不过由于距离遥远、光亮微弱，难以被望远镜直接观测到，以致它至今尚未被我们发现。于是，在19世纪40年代，天文学界掀起了寻找这颗未知行星的热潮，德国的哥廷根皇家科学院甚至专门为此设立了不菲的奖金。

最先解决这个难题的是来自英国和法国的两位青年才俊。1841年7月3日，剑桥大学年仅22岁的学生亚当斯在自己的日记中写道：“拟在获得学位后立即着手研究天王星运动的不规律性，以查明它是否起因于天王星外面一颗尚未发现的行星的干扰。”在1845年，当时34岁的巴黎综合理工学院的天文学教师勒威耶受到巴黎天文台台长阿拉戈的启发，也开始了同样课题的研究。两位年轻人都没有想到，在英吉利海峡的对岸有一个对手正在同自己进行着一场伟大的科学竞赛。根据万有引力定律，若已知一颗行星的质量和轨道，则可以求出它对天王星的运动状态的改变。现在的问题与此相反，即已知天王星的运动状态的改变，设法计算出造成这种改变的行星的质量和轨道。由于未知因素较多，这种逆向推算必须经过极为复杂的计算，难度相当大。1845年10月，经过将近两年的艰苦努力，英国科学家亚当斯终于取得成果，满怀期待地前去拜访当时英国颇具影响力的天文学家艾里。遗憾的是，亚当斯两次拜访都没能见到艾里本人，只好留下一张写着自己研究成果的便条。艾里根本没想到这样一个名不见经传的年轻人竟能做出这样的成绩，因此只是草草看过便将这张便条搁置在了抽屉里。虽然艾里后来也曾写信进一步询问亚当斯有关内容，却终究没能再得到亚当斯的回音。另外，法国科学家勒威耶于 1846 年 6 月也完成了相关计算并发表论文，公开了自己的研究成果。艾里看到勒威耶的论文之后，惊奇地发现这竟与亚当斯早先的计算结果几乎一致！这时他才醒悟，急忙请剑桥天文台台长查理斯用望远镜在计算结果指出的位置附近仔细搜索。然而，查理斯的工作进行得十分缓慢，并屡屡错过机会。1846 年 9 月 23 日，德国柏林天文台的天文学家加勒收到了勒威耶的来信，信中称若能使用天文望远镜在其论文预言的位置附近搜索，那么必将发现尚未有人见过的太阳系第八颗大行星。加勒毫不怠慢，当晚就同助手仔细观测，果然找到了这颗行星，与勒威耶计算所预言的位置仅相差 1 度左右！

当这个伟大的发现公之于世后，为表彰勒威耶的贡献，巴黎天文台台长阿拉戈提出建议，要把这颗新行星命名为“勒威耶星”，但谦虚的勒威耶婉言谢绝了。最后经勒威耶提议，干脆还是延续旧例，最终以古希腊 - 罗马神话中的大海之神“尼普顿”（Neptune）名字命名了这颗新行星，汉语译为“海王星”。由于海王星的发现是根据万有引力定律计算而得，因此人们称之为“笔尖下发现的行星”。

总的来说，海王星的各项性质与天王星十分接近，两颗行星真如双胞胎兄弟一般。如同它的名字，海王星的表面呈现出美丽的深蓝色——较天王星的蓝色更深，这是因为海王星大气中的甲烷含量相对更高，甲烷更容易吸收波长更长的光子，反射的阳光由于缺乏红色、黄色等光子，便呈现了蓝绿色或蓝色。海王星是八大行星中距离太阳最为遥远的，约为地球到太阳距离的 30 倍，太阳发出的光走到海王星需要经历 4 个多小时之久。出于这个缘故，海王星表面极其寒冷，常年处于 – 230℃左右。海王星公转周期是地球的 165 倍，即 165 个地球年，从 1846 年被发现到现在，海王星也仅仅围绕太阳转了一圈而已……

# 四、太阳系的小天体

## 小行星

从古至今，很多天文学家都深信，我们身处的宇宙必然遵守着某种简约、和谐的规则在运行。18 世纪德国威丁堡的中学教师提丢斯发现行星距离之间存在这样一个关系（如下表）：假设土星到太阳的距离为 100，则水星到太阳的距离就是 4，金星到太阳的距离为 4+3=7，地球到太阳的距离为 4+6=10，火星为 4+12=16，木星到太阳的距离为 4+48=52，土星到太阳的距离为 4+96=100。这看起来是一组遵守某种规律的数列，只是在火星与木星之间存在一个空缺：3，6，12，（ ），48，96。提丢斯说："按照这个规律，火星以下的位置应该是4+24=28，但现在那里既没有行星也没有卫星。难道上帝使一个行星离开了此处，才留下了一个空缺吗？不，我们可以满怀信心地打一个赌，那里一定会有天体。”

| | $n$ | 公式计算值 $R_n$ | 实际值 |
|---|---|---|---|
| 水星 | | 0.4 | 0.387 |
| 金星 | 2 | 0.7 | 0.723 |
| 地球 | 3 | 1.0 | 1.0 |
| 火星 | 4 | 1.6 | 1.524 |
| ? | 5 | 2.8 | |
| 木星 | 6 | 5.2 | 5.205 |
| 土星 | 7 | 10.0 | 9.576 |

后来，德国天文学家波得使这个规律广为人知，将其用一个公式表示出来：

$$R_n=0.4+0.3\times2^{n-2}$$

因此，人们将这个有趣的规律称为“提丢斯–波得定则”。

是否真的如提丢斯和波得所预测的，火星与木星之间存在某颗尚未发现的行星呢？1781年，赫歇耳发现了土星轨道之外的天王星，恰好也符合提丢斯–波得定则。于是，当时欧洲陡然兴起寻找新行星的热潮，无数望远镜在定则预言的那片区域反复巡查。1801 年元旦，意大利巴勒莫皇家天文台台长皮亚奇一举夺魁。他在金牛座中发现了一个星点，连续观测 41 夜之后，终于确定它是太阳系中一个移动着的天体。接着，德国数学家高斯通过计算确定，这的确是运行在火星与木星轨道之间的新天体，轨道半长轴为 2.77AU，与提丢斯 – 波得所预测的 2.8AU 仅有 1% 的差距！皮亚奇将这个新天体命名为“赛丽斯”，即罗马神话中的收获女神，中文译为“谷神星”。

实际上，谷神星的直径仅有 940 千米，这与一般意义上的行星相差甚远，很多人认为，预言中的那颗行星其实尚未谋面，仍需天文学家坚持不懈地继续寻找。在一年之后，德国科学家奥伯斯也在提丢斯预言的区域又找到一颗新天体，并将其命名为“智神星”。谁知在 1804 年，又一颗新天体在附近被发现，名叫“婚神星”。此后不久，天文学家接着发现了第 4 颗、第 5 颗、第 6 颗……1868 年，这个数目已经突破了 100 大关；至 1879 年时，又达到了 200 颗！据最新的统计，在这个区域已被我们发现的天体数目超过了 74 万，其中有近 50 万已具有足够的信息可被编号。天文学家注意到，这些天体实际上都远远不够格归为行星一类，其质量、大小都绝对无法与行星相提并论。即使它们的质量相加，总质量也还赶不上月球的质量。这些天体中最大的谷神星，其质量仅有地球的万分之一，体积约为地球的 1/2500，相形之下，实在是过于渺小了。所以，天文学家称这些小天体为“小行星”，而把它们聚集的那片带状区域（距太阳 2.1 ～ 3.3AU）叫作“小行星带”。

在数十万颗小行星中，早期发现的谷神星、智神星和灶神星是其中最大的三颗，直径分别是 940 千米、580 千米和 540 千米，远比其余的小行星大得多。得知小行星的大小并不容易，它们中的大多数直径不超过 100 千米的量级，即使用地球上最先进的望远镜也难以看清，天文学家往往通过测量小行星反射的阳光量和热辐射量来估计其大小。在个别情况下，我们可以利用小行星掩星来准确地测定小行星的大小和形状。当一颗小行星从恒星前方经过时，如果它足够大，必然能够遮掩恒星的光芒。地球上不同地区的天文学家同时进行观测，如果都看到了这次掩食，那么可以证明此小行星大于某一尺度；如果没有人看到掩食，那么小行星小于某一尺度；如果只有一部分地区可以看到，则小行星的大小就能够被精确地测定出来。现在我们知道，除了谷神星等极个别的“大个子”大致呈球形之外，那些直径较小的小行星形状非常不规则，就好像太空中围绕太阳运动的一个“大石块”。

当然，直接将小行星说成石块可能不够准确。按照光谱性质进行分类，小行星主要是下面三种类型：最黑暗的、反射率最低的含有大量的碳，称为 C 型小行星（碳质小行星）；反射率较高的是 S 型小行星（硅质小行星），含有较多硅酸盐或岩石物质——这可是真正的“大石块”；还有一小部分称为 M 型小行星，主要成分是铁镍合金。一般来说，S 型小行星在小行星带的内侧占据主导地位，而随着与太阳距离的增加，越到外围，C 型小行星的比例也越来越高。C 型小行星的历史可能非常久远，由太阳系早期的原始材料构成，自形成以来的 46 亿年间一直都没有发生过非常明显的化学演化。

并非所有的小行星都在木星与火星之间的小行星主带中运行。有一群小行星在木星轨道上运行，位于木星前面和后面的 1/6 轨道处，与木星以同样的速度围绕太阳运转，它们被称为特洛伊小行星。如下图所示，这两个点处的太阳引力、木星引力和天体的离心力之和为 0，小天体在此处能够保持稳定。法国数学家拉格朗日最先经过计算指出，如果某时刻有三个天体恰好构成一个等边三角形，那么在某种特定条件下，它们就会一直保持这种等边三角形的形状。正因如此，这种位置被后人称为行星轨道的拉格朗日点。

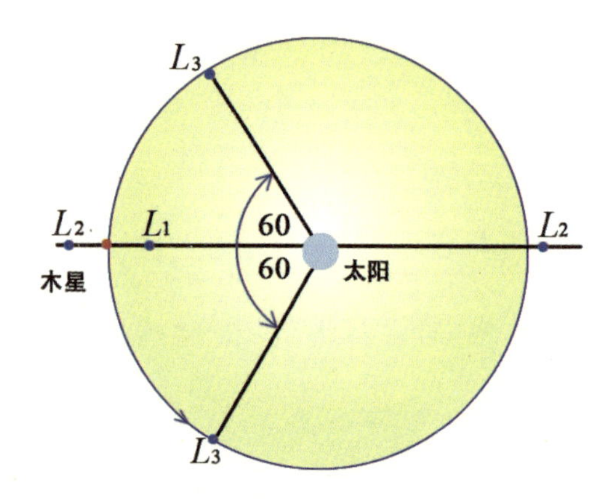

除了主带小行星和特洛伊小行星之外，还有一类与地球轨道可能相交的小行星，称为“越地小行星”。这类小行星实际上是与我们性命攸关的，它们很有可能在某个我们猝不及防的时刻，向地球一头撞来，造成巨大的破坏。事实上，这绝非杞人忧天，平均每100万年就会有3颗小行星撞击到地球表面，由于地表大部分被海洋覆盖，所以大约只有1颗小行星会坠落到陆地上。尽管绝大多数的越地小行星在进入地球大气之后很快就会在大气层中燃烧殆尽，并不会对人类的安全造成真正的威胁，但是，倘若这颗小行星足够大，那就要另当别论了。据测算，如果一个直径50米的小行星撞击地球，它足以摧毁一座城市；如果一个直径大于200米的小行星撞击地球，它足以彻底灭绝一个物种，人类的末日可能就在那天；如果一个像谷神星那样巨大的小行星撞击地球，那么，我们整个地球都将遭到极大的破坏。对于前两种情况，在地球上是有过先例的。1908年，一颗体积不大的小行星撞击到俄罗斯的通古斯地区，巨大的爆炸将方圆2000平方千米的森林全部夷为平地——所幸当地人烟稀少，并未造成人员伤亡，直到很久之后人们才知悉这次恐怖的爆炸。6500万年前，一颗直径大约10千米的小行星袭击了地球，其破坏力相当于人类制造的最大的氢弹能量的1000万倍以上，巨量的尘埃与天体粉碎的残渣抛到天空，遮天蔽日，地球陷入一片黑暗与混乱之中，曾经称霸一时的恐龙最终因为这次从天而降的灾难而灭绝。即使在近些年，小行星撞击地球的灾难也曾发生。2013年2月15日，一颗直径17米左右的小行星坠落到俄罗斯南部，释放的能量相当于6颗现代核弹，导致约1200人受伤，近3000座建筑受损，震惊全球。

越地小行星带来的巨大威胁，使人类不得不密切注意它们的动向。现在，各国通力合作，成立了国际小行星预警网，很多大型天文望远镜用于监测和预警这些不速之客。如果我们能够在小行星来袭之前做好充分的准备，那么以当今的科技水平，我们有能力改变这颗小行星的原本运行线路，甚至将其摧毁，最终免于这次劫难。

## 柯伊伯带的冥王星

自从冥王星降级之后，我们似乎很少再给它足够的关注了。最近一次大众得到它的音信，是2015年“新视野号”探测器历经9年的漫长旅行，终于抵达冥王星附近，并拍摄了一张萌萌的“冥王之心”照片，在网络上掀起热潮。

遥想当年，冥王星也曾有属于自己的风光时代，那时的它是天文学家的宠儿。大约在19世纪末，人们注意到海王星的运动似乎在受到某个未知天体的影响。鉴于此前笔尖上发现海王星的成功经验，天文学家们尝试着依样画葫芦，首先根据物理定律计算出新天体理应出现的位置，然后利用天文望远镜在附近搜索。1930年，美国天文学家汤博根据他的前辈洛厄尔的计算，在距离其预言位置只有6°的区域里成功找到了这个天体。洛厄尔天文台为这个新天体广泛征名，最后采纳了一个小女孩的建议，称其为“普鲁托”——罗马神话中的冥府之神，暗无天日、阴冷恐怖的冥界统治者。一时之间，“发现太阳系第九颗行星”的消息登上了各大媒体的头版头条，冥王星成为那个时代举世瞩目的焦点。

可是渐渐地，人们感觉有些不大对劲。1978年，天文学家观测到了冥王星身旁的同伴，并为其起了一个很妥帖的名字——“卡戎”，古希腊-罗马神话中将死者摆渡过冥河而进入冥府的船夫。卡戎是人们发现的第一颗冥王星的卫星，通过对它的观测，天文学家可以计算出这两个天体的质量和半径。最终得到的结果令人意外，冥王星的质量只有$1.3 \times 10^{22}$kg，相当于地球质量的1/500，而其直径也不过2270km，只有地球直径的1/5而已。天文学家开始疑惑，这样小的天体，真的有资格称得上行星吗？1989年，“旅行者2号”飞越海王星，提供了很多最新的、更为精确的数据。运用这些数据重新计算后表明，我们当初与冥王星的相遇其实是源于一场误会，海王星的运动是正常的，并不受到其外围天体的引力影响。事实上，质量如此之小的冥王星也不足以对海王星造成那种程度的影响。如今看来，冥王星的发现似乎是一次撞大运！

冥王星的地位岌岌可危，直到最后由柯伊伯带天体向其送上了致命的一击。早在20世纪50年代，荷兰裔美籍天文学家杰拉德·柯伊伯（Gerard Kuiper）等人就预言，海王星之外的太阳系边缘地带，充满了冰质小天体，它们是原始太阳星云的残留物，也是短周期彗星的发源地。这是一个与内太阳系小行星带颇为类似的区域，但柯伊伯带的小天体为冰质而非岩质，含有大量的水。自从1992年发现第一颗柯伊伯带天体之后，迄今为止又陆续发现了1000多个，天文学家预测，这仅仅是冰山一角，单是直径超过100km大小的小天体数量就会超过10万个，更小的就数不胜数了。真正把冥王星拉下马的是2005年被发现的阋神星（希腊神话中的纷争女神Eris。中文译名中的“阋”读作“xì”，也是纷争、争斗的意思），用哈勃太空望远镜测得其直径为2400km，超过了冥王星。人们最终确定，冥王星与柯伊伯带中的其他小天体并不存在本质的不同，就连大小也不是最大的，如果非要选太阳系第九大行星的话，阋神星可能都比它更有资格。

最后在2006年国际天文学联合会（IAU）上做出了将冥王星降级的决定。会议通过了有史以来第一个关于行星的定义。满足下列条件的天体被定义为行星：

1. 围绕恒星运转；

2. 质量足够大，并且由于自身的重力而使得天体呈圆球状；

3. 清除了自身轨道附近的小天体，公转转道范围内不能有比它更大的天体。

显然，冥王星并不满足第三个条件，不能再被称为行星。不过，冥王星仍然获得了一个“安慰奖”，它和阋神星、谷神星等满足前两个条件的小天体被称为“矮行星”，作为与其他名不见经传的柯伊伯带、小行星带天体的区别。

## 彗　星

彗星是人类很早就认识的一类太阳系小天体。在古汉语中，“彗”是扫帚的意思，所以民间也常将彗星称为“扫帚星”；在英语中，彗星写作“comet”，源于希腊单词“kome”，意思是“头发”。无论是“扫帚”还是“头发”，实际上都是在描述彗星出现在天空时那种尾巴长长、千丝万缕的形态。

在古代，无论是东方还是西方，人们总是对彗星的出现充满了恐惧，认为这是一种死亡或巨大灾难的预兆。例如，成书于东晋的史籍《晋阳秋》就曾描述，三国时诸葛亮去世之前，就曾出现一个诡异的彗星；西方人认为公元前 44 年出现的大彗星与古罗马统治者恺撒的死亡直接相关，他们说，这是伟人的灵魂上升到了天界。春秋时期，贤相晏婴曾借着国君齐景公对彗星的恐惧而劝说他尽快

彗　星

施行仁政，否则就将遭受上天的惩罚。在中世纪的欧洲，他们将彗星看作天空中的一柄长剑，代表着上帝即将降下的灾难，在彗星来临的时候，教堂都挤满了人，恐惧的人们在这里忏悔、祈祷，希望得到上帝的宽恕，不要降下灾难。

人们常常称彗星为“脏雪球”，这是因为它的核心部分——彗核的主要成分是冰、尘埃颗粒和固态的二氧化碳、氨、甲烷等混合物，密度只有 $0.1g/cm^3$，就好像一个沾满很多杂质的疏松雪球。实际上彗核本身是非常小的，通常直径只有几千米，即使用大型望远镜进行观测，所见到的也不过是一个微小的光点。可是，当它接近太阳时，便不再是原来那种暗弱的样子了。当彗星接近太阳只有几个天文单位时，太阳的热量使其固态的成分直接升华为气态，就像舞台上利用干冰喷出的二氧化碳烟雾那样，彗核的周围形成了一大圈气体与尘埃的光晕，即“彗发”。随着与太阳距离的进一步减小，彗发比先前变得更大、更亮，直径可达 10 万甚至 100 万千米，比太阳系最大的行星木星还要大。此时，彗星长长的尾巴就开始逐渐伸展出来了。这条尾巴的长度是惊人的，有的甚至与地球到太阳之间的距离差不多。尽管彗发和彗尾造成的视觉效果令人震撼，但实际上它们在彗星中所占比重很小，大部分质量还是集中在不显眼的彗核之中。

彗星的尾巴实际上有两条，一条为离子尾，另一条为尘埃尾。

离子尾由大量气态的电离分子组成，主要是一氧化碳、氮气、水等，而尘埃尾则是大量的微小尘埃。离子尾和尘埃尾同时受到太阳的引力和太阳风的影响，但影响程度存在不同。对于离子尾来说，太阳风的作用比引力要强烈得多，所以这条尾巴总是笔直地指向远离太阳的方向。而尘埃尾则不同，它的质量较大，受到的引力作用更加明显，所以它的样子有些弯曲，而且往往落后于离子尾。除此之外，要将二者区分开来，还可以通过观察它们的颜色。由于一氧化碳的存在，离子尾呈现出明显的蓝色，很容易就能够被识别出来。

彗星可根据其轨道运动周期分为长周期彗星和短周期彗星两类。长周期彗星的轨道运动是有些杂乱的，可以是任何角度、任何方向，但它们全都源于一个共同的地方——奥尔特云。奥尔特云好像是一个包围着太阳系的球壳，距离太阳有 50 000AU 之遥，作为彗星的故乡，那里极为黑暗与严寒。长周期彗星的轨道形状非常“扁”，但仍算得上是一个椭圆。从奥尔特云到近日点，路途遥远，周期漫长，其中大多数要数十万年才能围绕太阳走完一周，有的甚至要耗费上百万年。短周期彗星指的是周期小于 200 年的彗星，它们来自柯伊伯带，轨道的椭率较小，近乎一个圆形。与长周期彗星不同，大多数短周期彗星是比较安分守己的，它们不会逆行，轨道面也与黄道面差距不大，有的甚至完全重合。

彗星中名声最响的可能就是哈雷彗星了。有关这颗彗星的正式记录最早出现在中国，世界第一部编年体史籍《春秋》记载："秋七月，有星孛入于北斗。"那是在公元前613年，距今已有2600多年了。2000多年间，尽管人类对于彗星的认识不断深入，但第一次真正本质上的飞越则是由于英国天文学家哈雷的工作。哈雷广泛收集前代各种彗星观测记录，发现其中的三颗各种轨道要素几乎完全一致，周期也差不多。进一步研究之后，他断定，这"三颗彗星"实际上是同一颗彗星的三次回归，周期约为76年！因此，哈雷预言，1682年曾出现的那颗彗星，将会在1758年回归。果然，这个预言在后来完全应验，人们因此将这颗彗星称为"哈雷彗星"。

## 流星体

流星是发生在地球大气层的一种天文现象。它是一道美丽的亮线，是流星体高速坠入地球时，与地球大气发生剧烈的摩擦而产生。流星体的前身，一部分来自彗星或者小行星，还有一部分是行星际的小碎片，其中不乏月球或火星遭受撞击时的喷出物质。

大多数流星体在穿越大气层的过程中就已经燃烧殆尽，只有一些体形较大的能够穿越重围，最终降落到地面上。这时，它们被称为陨石。大部分的陨石是石质的，主要成分为硅酸盐，还有极少的一部分是铁质的，称为陨铁。几乎所有的陨石都很古老，上面往往透露着太阳系早期的历史记录，为我们研究行星形成的最初阶段提供了宝贵的资料。

如果流星大量地爆发，像雨点一般从天而降，这便是流星雨。当彗星经过太阳附近时，会有相当多的碎片从主体上脱落。这大大小小的残骸将继续随着母彗星在原来的椭圆轨道上运动，并随着时间的推移而愈加松散。假如它们与地球的轨道恰好相交，那么，在这些碎片进入地球时便会形成壮观的流星雨。通常，我们以流星雨的辐射点所在的星座来为流星雨命名，如狮子座流星雨、英仙座流星雨等。当流星雨发生时，我们仰望天空，会发现所有的流星几乎是从天空一个相同的区域辐射出来的，这块天区就是所谓的“辐射点”。实际上，这只是一种视觉效应而已。一群流星体从天空中坠落时，它们都是以相同的方向、相同的速度运动，之所以看起来从一个中心点向四周射出，其实是近大远小的透视效应在作祟，就好像我们沿着铁路看两条平行的铁轨，似乎也是从远方某一个点辐射出来的一样。

# 第二章 恒星世界

仰望夜空，满天的恒星发出不同颜色的光芒，蓝色的参宿七、白色的天狼星、橙红色的大角星……当然还有我们最熟悉的太阳，它的光芒是黄色的。

## 一、恒星发光的秘密

1929年3月，奥地利物理学家弗里茨·豪特曼斯（Fritz Houtermans）和英国天文学家罗伯特·阿特金森（Robert Atkinson）合作完成了论文《关于恒星内部元素结构的可能性问题》，第一次揭示了恒星能量来源问题的答案。当时的豪特曼斯年仅26岁，从举世闻名、大师云集的德国哥廷根大学拿到博士学位才一年，风华正茂，意气风发。在完成了这篇卓越的论文之后，第二天傍晚他约会了一个美丽的姑娘一同散步。夜幕降临，他们抬头仰望，星星一颗接一颗地在天上出现，闪烁着迷人的光芒。这时身旁的姑娘不禁赞叹："星星一闪一闪的，是多么美啊！"听到这话，豪特曼斯非常得意，微笑着对姑娘说："从昨天起我便知晓了恒星发光的秘密。"美丽的姑娘看着他，默然不语……

作为与我们关系最亲密的恒星，太阳是天体物理学家们研究恒星能源机制最早的对象。太阳为什么会发光？它所消耗的“燃料”究竟是什么？从古至今，人类一直在探求着这些问题的答案。事实上，太阳恰好位于赫罗图主序带的中间位置，既不太大，也不太小，将它作为典型来研究恒星能源机制也的确非常合适。

很多古老的民族都有太阳崇拜，将其视作天上的主宰。如今我们知道，维持地球上生命所需的光和热全部源于太阳，它是能量的源泉。据计算，朝向太阳的地球表面每平方米接收太阳能的功率为1.4 千瓦，这个值被称为太阳常数。已知我们与太阳的距离是 1 个天文单位，即 14 960 万千米，那么可以计算出以太阳为球心、日地距离为半径的大圆球的表面积，用它与太阳常数相乘，我们得到了太阳表面放出热量的总功率，其结果大约为 $4\times10^{26}$W。这个数值是巨大的，它意味着太阳每秒钟产生的能量大约相当于 900 亿颗破坏力极强的氢弹爆炸。

太阳这样大的能量是从何而来的呢？起初，人们根据日常生活经验，很自然地想到，这个天上的大火球或许和炉子中烧红的煤炭没有什么本质不同，毕竟燃烧是我们最常见、最直观的能量释放方式。可是，经过计算我们可以知道，与太阳同等质量的煤炭，如果按照太阳能量释放的速度燃烧，那么仅仅 5000 年它就会消耗殆尽——这显然是荒谬的，难不成在我们祖先茹毛饮血的时代，天上的太阳还没有点燃？太阳发光的历史显然要久远得多。据现代天文学的研究证实，这个大火球到今天已经足足“燃烧”了45亿年之久。实际上，不只是燃烧，任何化学反应都不可能支撑太阳发光发热这么长时间。从本质来讲，化学反应都是分子结合能的释放，这个过程所产生的能量根本无法与太阳释放的能量相提并论，二者存在许多个数量级上的差距。

后来人们猜测，有没有可能存在一种来自外部的能量持续不断地为太阳续航，使它的能量在流失的同时又获得了补充？研究者将怀疑集中在陨星身上。我们知道，太阳是个质量为 $2 \times 10^{30}$kg 的庞然大物，自身引力极为强大，能够轻而易举地吸附太阳系中的很多小天体。当这些小天体在引力的作用下砸向太阳表面的时候，二者相撞，巨大的动能在瞬间转化成非常可观的热能，从而补偿了太阳发光放热造成的能量损失。如果真的如此，根据科学家的计算，那么平均每100年就必须有总质量与地球相当的流星物质源源不断地砸到太阳上才行，否则根本不够填补能量的损失。此外还有一个问题，假如陨星不断地砸到太阳表面，那么时间久了太阳的质量也必定会有明显的增加，这将引起太阳系一系列的重大变化，例如，地球公转轨道半径将会明显地缩短，地球的气候将急剧变热，等等。现实表明，这些情况都没有发生过。所以，“撞击加热”的观点也不能成立。

除以上两种观点之外，科学家还考虑过一种更为接近的假说，即恒星通过自身引力势能的释放提供能源。这种观点最早是由著名物理学家赫尔曼·冯·赫尔姆霍茨（Hermann von Helmholtz）提出的，他认为，如果太阳没有某些能量的摄入，在自身引力的作用下，它将会随着时间的推移而逐渐坍缩，半径将会变小，外部的太阳物质将缓慢地向中心地带靠近。和流星体下落一样，太阳自身物质的下落也能够提供能量，但有一点好处，这个过程中不会有太阳本身质量的变化，不会由于质量增加给太阳系带来一系列的麻烦，地球的公转轨道等都不会因此而受到影响。据计算，这种过程释放的能量是十分可观的，大约可以维持太阳 2000 万年的生命，尽管与前两种说法相比已经进步很多，但这样的结果与太阳的真实年龄 45 亿年相比还是差距巨大。

20 世纪初，伟大的物理学家阿尔伯特·爱因斯坦发现，物质和能量能够互相转换，其定量关系式为：

$$E=mc^2$$

这被称为质能方程，其中 $E$ 指的是能量，$m$ 为质量，常数 $c$ 为光速，$c=3\times10^8\text{m/s}$。

从这个式子中可以看出，即使很微小的质量，最终也可能转化成极高的能量。举例来说，1 千克物质可最终转化成 $9\times10^{16}$ 焦耳的能量，这大致相当于 1000 万吨烟煤全部燃烧后所释放出的热量。

假如我们在某种条件下，能够将较轻的原子核聚变为较重的原子核，聚变过程将会伴随着总质量的减少，根据质能方程，损失的那部分质量虽然不多，但其释放出的热量将会是巨大的。据计算，这种氢原子聚变过程所产生热量的效率大约是燃煤的 2000 万倍，维持太阳 45 亿年的持续发光发热完全不成问题。首先太阳是一个巨大的气体球，其中主要的成分就是氢元素，约占总质量的 71%。其次是氦元素，约占 26%，因此如果要进行上述类型的核聚变的话，它本身的“燃料”也是相当充足的。当然，这里所说的“燃料”只是类比的说法，指核反应所需的物质，并非严格意义上那些用于化学燃烧的材料。

1926 年，英国著名物理学家亚瑟·爱丁顿（Arthur Eddington）在研究恒星内部结构时指出，太阳的能量来源应该就是其内部氢原子核的聚变反应。但是，核聚变反应的发生条件却是相当苛刻的，恒星内部必须具有极高的温度，使原子核能够以极快的速度飞行，摆脱电磁场的斥力进而发生碰撞和融合。太阳内部的温度足够高吗？满足核聚变发生的条件吗？爱丁顿考虑到，太阳通过其自身的引力将它的物质向中心聚集，但是这些气态物质也同时具有向外推出的压力，阻止物质不断地向内坍缩，这两个互相对抗的力保持着一种动态平衡。气体的压力取决于它的温度，温度越高，压力越大。根据这些条件，爱丁顿计算出恒星中心区域的温度大约能达到

4000 万摄氏度。这个数字之大令人咋舌，但在当时的核物理学家看来却是远远低于预期的。当时他们普遍认为，除非中心温度能够达到几百亿摄氏度，否则是不足以使氢聚变成为氦的反应发生的。爱丁顿并没有理会这些反对意见，在他看来，从旧有理论上来看，4000 万摄氏度的温度的确难以令核聚变反应进行，但不管怎么说，它确实发生了，物理学家们真正应该做的是去思考一种能够解释它的新理论，而不是试图否认这个事实。

这个时候，我们的主角豪特曼斯登场了。1928 年的夏天，来自苏联的天才物理学家伽莫夫（G. Gamow）来到哥廷根，豪特曼斯与其相遇后，一见如故，很快互相引以为知心好友。他们二人年纪相仿，志同道合，个性也非常相像，都是弄把戏、讲笑话的行家里手——伽莫夫曾将自己一篇极重要的论文故意选在愚人节发表，还拉了一个不相干的人来凑趣。而豪特曼斯就更厉害了，在他去世后，他的同事将他讲过的笑话专门出版了一本书，据说销量还很不错！伽莫夫本来就是心胸旷达之人，又将豪特曼斯视为知己，便十分坦诚地将自己最近得到的一个新观点与其分享。伽莫夫此前在研究原子核的衰变问题，在自然情况下，一种化学元素有可能衰变为另外一种元素，例如，由 88 个质子和 138 个中子组成的镭原子核经过一段时间后会变成一个新的质量较小的氡原子核，同时释放出 2 个质子和 2 个中子，它们组合成为氦核。类似的还有铀衰变成钍、钍衰变成镭等。根据经典物理理论，核内的粒子受到核力极强的束缚，没有办法在自然情况下挣脱而发生裂变（威力巨大的原子弹就是利用核裂变来产生巨大的能量，但是必须首先引燃相当质量的炸药，利用外在的力量破坏核力的束缚才行）。不过，在现代的量子力学中，这种“不可能”却并非绝对，核的一部分仍然会“偶然”地冲破强大的核力束缚，从而触发裂变。尽管这种“偶然”发生的概率极其微小，但它毕竟还是会发生。这种现象被称为“隧道效应”，本来原子核中的粒子被核力紧紧地束缚，就好像有一座环形山将核子密密实实地包围起来，在经典力学体系中它根本没有能力翻越这座高山，但量子力学却说，核子能够在偶然的情况下钻进山中的一条隧道而直接逃到外界。伽莫夫由此想到，假如粒子能够由内向外地穿出环形山，那么粒子也应该能够由外向内穿入环形山进入原子核之中。

豪特曼斯听了伽莫夫的想法之后，受到了很大的启发，并在此后帮助伽莫夫在这项研究的精确性和详尽程度上做出了进一步的提高。与此同时，他更联想到：爱丁顿计算出的恒星内部温度仅有 4000 万摄氏度，按照经典理论远远达不到发生核聚变反应所需要的条件，那么有没有可能就像伽莫夫所说的那样，聚变当中也存在类似于原子衰变过程中的那种隧道效应？那个夏天过去后，豪特曼斯来到了柏林工业大学工作，在这里他结识了来自英国的学者阿特金森，他对恒星能源机制也很早就抱有很大的兴趣。二人通力合作，经过一段时间的研究，终于取得了重大突破，第一次正式提出了核反应是恒星能量来源的观点。起初，他们的论文名字叫《怎样用势锅来煮氮核》，但德国《物理学报》的编辑大概觉得这样的名字太调皮了，便在发表的时候将其最终改为《关于恒星内部元素结构的可能性问题》。文章的开头写道："不久前伽莫夫指出，带正电荷的粒子的能量按照经典的概念还不能够使它们穿透到原子核内，但是它们还是穿透到原子核内了……"接着，他们解释说，氢核本来根据经典物理学要在几百亿摄氏度的温度下才能发生聚变，但由于隧道效应，它们在远低于这个温度的条件下仍然得以发生这种反应。恒星内的一个氢原子核（质子）和其他氢原子核由于电磁力而分开，如同分隔在一座山脉的两边。质子的能量本来不可能翻越这座山，但是也许经过很长时间，它就能够穿过这座山脉，好像经由一条隧道而到达山的那头一样。这种效应发生的概率虽然非常小，但它在太阳以及其他恒星内部确实能够发生足够多的次数，使得太阳和恒星可以依靠这些过程中所释放的能量来维持生存。通过计算，他们最终证实了爱丁顿关于恒星能量机制的推测，将恒星发光的秘密公之于世。

太阳内部核聚变的具体反应过程直到1938年才被发现，发现者是美国物理学家汉斯·贝特（Hans Bethe），他因为这项贡献而荣获了 1967 年的诺贝尔物理学奖。具体过程如下图所示：

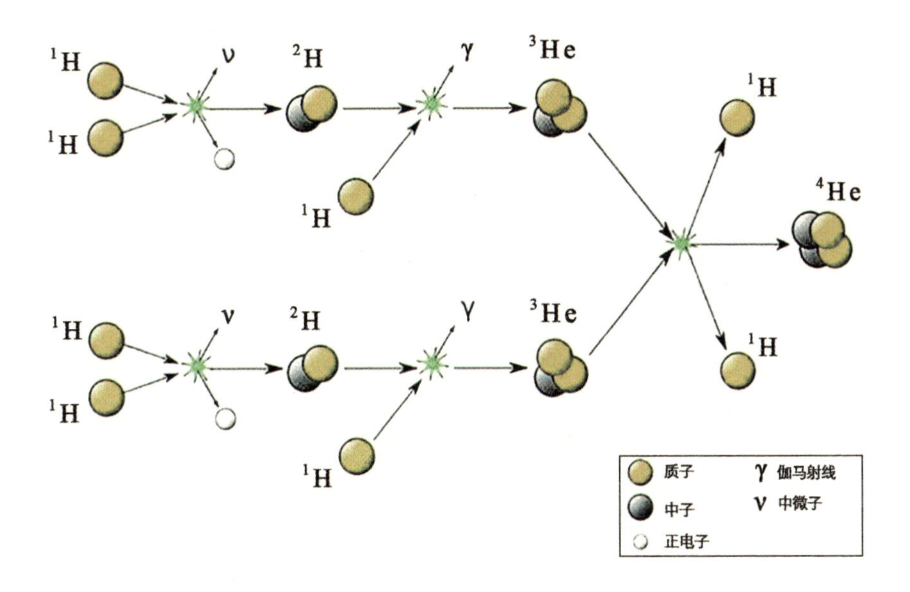


太阳核聚变

（1）两个质子相碰撞并发生聚变，形成由一个质子和一个中子组成的氘原子（氢和氘尽管核内中子数不同，但二者质子数相同，所以仍属于同种元素，因此氘又被称为“重氢”。像氢和氘这样的，核内质子数相同而中子数不同的同类原子，称为彼此的同位素），同时释放出一个正电子和一个中微子。

（2）产生的正电子是一个带有正电荷的电子，它是电子的反物质，当物质与反物质结合之后会彼此湮灭，质量消失，释放出大量的能量。氘核与质子（氢核）相撞，结合为由 2 个质子和 1 个中子

组成的 $He^3$，$He^3$ 是氦的同位素，比真正的氦核缺少 1 个中子。

（3）最后，2 个 $He^3$ 原子核结合为 1 个真正的氦原子核，并同时产生 2 个氢核。

以上过程是一个源源不断的链式反应，最后的结果是 4 个氢原子生成 1 个氦原子和 2 个中微子并释放出大量的能量，用式子表示为：

$4(^1H) \rightarrow {}^4He+2$ 中微子 + 能量

在这里介绍一下中微子。中微子是一种呈电中性的微小粒子，它几乎不与其他物质发生任何反应，“无欲则刚”，没有什么能够干扰它，它就那样地直来直去，在太阳内部生成之后，只需几秒钟便能够穿越到太空中。通常人们用来抵御各种辐射的铅板对中微子来说可以轻松穿透，如果真的要挡住它的袭击（不过没有这种必要，中微子并不会对我们造成什么伤害），我们必须筑起一道墙，很厚的墙，厚度必须达到 $10^{15}$ 千米才行。从万花丛中轻松穿过而纤尘不染，中微子的这种特性使我们很难探测到它。很少有什么能够令冷漠的中微子稍稍留恋，但氯原子算是一个。当中微子快速地飞过时，在个别的情况下，它能够和氯原子形成反应。这便是中微子的弱点了，我们可以通过这种手段将其捕获。科学家可以在地下挖出一个巨型的池子，池子中灌满含有大量氯原子的液体，当中微子经过时与其发生反应，运用这种方法便能够测量出中微子的数目。

但是，科学家们也很快发现，这种方法捕获到的中微子与我们所期待的数目存在很大差异。在不断地改进实验、减小误差之后，这种差异仍然没有消失。这样的结果令天文学家深感不安，难道之前我们对太阳内部的种种估计都错了吗？或者，我们对中微子本身的性质存在着某些误解？这个难题一度困扰了天文学家很多年，直到 1998 年，日本超级神冈探测器（Super-Kamiokande）首次探测到大气中微子（宇宙射线与大气中的粒子发生相互作用产生的中微子）的振荡。2001 年，加拿大萨德伯里中微子天文台（Sudbury Neutrino Observatory，SNO）宣布发现太阳中微子振荡的首个证据，并在 2002 年给出确切证据，证实观测到的中微子总数与天文学家早先的预估完全一致。至此，在经历 30 多年后，科学家终于解决了太阳中微子消失之谜。超级神冈实验的梶田隆章和萨德伯里中微子天文台的阿瑟·麦克唐纳也因此获得 2015 年的诺贝尔物理学奖。

## 二、图上的恒星

仰望夜空，满天的恒星发出不同颜色的光芒，蓝色的参宿七、白色的天狼星、橙红色的大角星……当然还有我们最熟悉的太阳，它的光芒是黄色的。光是一种电磁波，红橙黄绿青蓝紫，不同的颜色对应着不同的频率，假如主要在高频波段的强度较大，恒星颜色就偏向于蓝紫色；反之，如果主要集中于低频波段的强度较大，恒星颜色就偏向于红色。

相信我们都有这样的生活经验：将一根铁棍投入炉膛，随着它温度的升高，我们可以看到它的颜色也在随之改变，起初是微微变红，接着变黄，烧得久了就散发出炽烈的白色光芒……恒星也是一样的道理，其表面温度与颜色是密切相关的，表面温度越高，光辐射的频率也越高。例如，橙色光芒的大角星表面温度大约为4000℃，发黄光的太阳大约为6000℃，发白光的天狼星温度大约为10 000℃，而发出蓝色光芒的参宿七表面温度则高达20 000℃。掌握了这个规律，通过观察恒星的颜色便可以简单地估测出它们的表面温度。

1666年，牛顿用自制的三棱镜将太阳光分解成彩虹般的七色，获得了太阳光谱，开启了人类对恒星光谱研究的先河。所谓光谱，指的就是一系列不同波长的光被分解后的太阳光带。1811年，德国物理学家夫琅禾费改进了牛顿的方法，他使阳光在三棱镜分解之前，首先通过一道狭窄的缝隙，这样做的好处是避免一端的红光与另一端蓝光的叠加，从而得到了更为清晰、准确的太阳光谱。但是他发现，得到的光谱中出现了很多强弱不一的暗黑线条，这令他深感疑惑。谜底在1859年被揭开，德国化学家基尔霍夫通过研究后得出结论：每一种元素或化合物都会产生独特波长的谱线；每一种元素都可以吸收它能够发射的谱线。也就是说，这些光谱中的“暗线”实际上就是一条条元素的特征线，恒星上具有哪些元素、元素的含量比例都能在恒星光谱中反映出来。从唯一性的角度来说，恒星光谱就好像是恒星的指纹一样。

假如有人来到一个犯罪现场调查，目前他除了看到各种各样的杂乱的指纹之外，所有其他线索都一无所获。那么他当前首先应当去做的，就是将这些指纹提取、存档，然后简单地按照一定方式将其分类（比如按照指纹的细密程度），留待日后经过进一步侦查再仔细探究。事实上，这和早期天文学家所做的工作如出一辙。大约在 19 世纪 80 年代，天文学家们便开始大量地采集恒星光谱，但由于他们那时还不能深刻理解这些谱线究竟是如何产生的、具有怎样的特别意义，所以只能是简单地根据这些光谱的氢谱线强度来进行分类：氢谱线最强的归为 A 型恒星，含氢量最高；氢谱线强度稍微弱些的归为 B 型恒星，含氢量次之……以此类推，分类一直扩展到 P 型恒星，它是氢谱线强度最弱的恒星。到了 20 世纪 20 年代，由于现代物理学的发展，天文学家终于了解谱线形成的深层原因，才开始意识到按照恒星的表面温度来分类才更有意义。不过，他们并没有全部推倒已有的分类，而是在删除一些类型后根据其温度由高到低进行重新排序，其结果如下表：

| 光谱型 | 表面温度（℃） | 显著吸收线 | 典型恒星 |
| --- | --- | --- | --- |
| O | 30 000 | 强电离氦线；重元素的多次电离谱线；弱氢谱线 | 参宿三（O9） |
| B | 20 000 | 中等强度的中性氦线；重元素的一次电离谱线；中等强度的氢线 | 参宿七（B8） |
| A | 10 000 | 非常弱的中性氦线；重元素的一次电离谱线；强氢线 | 织女星（A0）、天狼星（A1） |
| F | 7000 | 重元素的一次电离谱线；中性金属谱线；中等强度氢线 | 老人星（F0） |
| G | 6000 | 重元素的一次电离谱线；中性金属谱线；相对较弱的氢线 | 太阳（G2）、半人马座阿尔法星（G2） |
| K | 4000 | 重元素的一次电离谱线；中性金属谱线；弱氢线 | 大角星（K2）、毕宿五（K5） |
| M | 3000 | 强中性原子谱线；中等强度的分子谱线；非常弱的氢线 | 参宿四（M2）、巴纳德星（M5）、比邻星（M6） |

天文学家们为了记住光谱型的正确顺序，别出心裁，编出了这么一句话帮助记忆：

Oh,Be A Fair Girl,Kiss Me!（好一个美丽的女孩，吻我吧！）这句话中每个单词的首字母依次是O、B、A、F、G、K、M，与恒星的光谱序一致。这些光谱类型还可以进一步分成10个子类，用数字0～9表示，数字越小，表示恒星表面温度越高，例如，太阳被归类为G2型恒星，织女星被归类为A0型恒星，参宿四被归类为M2型恒星，等等。

我们知道，夜空中那些所谓的“恒星”并非真的是永恒不动，而是时刻都在以极大的自行值运动着，只不过由于它们离我们实在太过遥远而难以发觉。打个比方，一架普通的民航客机其巡航速度大约为800km/h，最快的鸟类飞行速度也不过350km/h，但是我们在地上观察时却常常觉得我们头顶上的鸟儿飞得更快。相对而言，我们观测到的恒星自行越大，就说明它与我们之间的距离越近。两组视亮度相同的恒星，自行大的一组实际亮度必然更大，绝对星等更小。在20世纪初，丹麦天文学家赫茨普龙和美国天文学家罗素由此认识到，即使是同一光谱型的恒星，它们也存在着高光度的巨星和低光度的矮星两类。

在这里我们要问，“巨”和“矮”本是形容恒星大小的修饰语，为何会直接将它们与恒星的光度联系在一起？这是因为，根据热力学中的斯特藩－玻尔兹曼定律，在表面温度一定的条件下，恒星的体积越大，其本身的光度也越大。其公式可表示为：

$$L=4\pi\sigma R^2T^4$$

其中，$L$ 为恒星光度，$R$ 为恒星半径，$T$ 为恒星的表面温度，而 $\sigma$ 则是一个常数。

赫茨普龙和罗素为了区分同一光谱型中的巨星和矮星，便制作了一张反映光谱型与绝对星等的关系图。赫茨普龙和罗素二人的成果本是在互不知晓的情况下各自得到的，因此人们为表示纪念，将这样的图称为“赫茨普龙－罗素图”，简称“赫罗图”。当然，正像我们前面谈到的，恒星的颜色、光谱、温度三者之间存在着相对应的关系，绝对星等与恒星自身光度两个物理量之间的意义也基本一致，所以赫罗图还可以表示为“光谱－光度图”“颜色－星等图”“温度－光度图”等等。但有一点需要注意，当横坐标表示恒星的表面温度时，这里温度是从右到左增加的，与传统的温度从左到右增加的表示方法不同（如下图所示）。

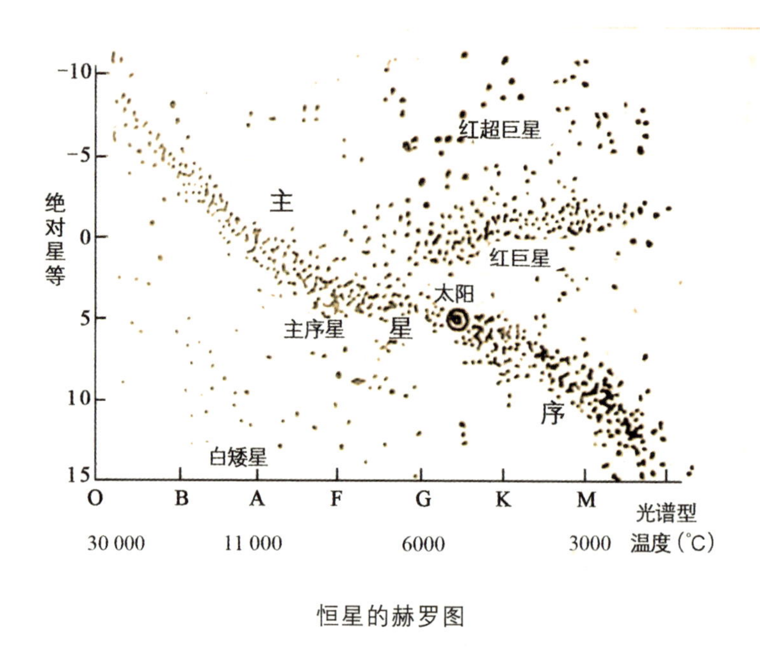


恒星的赫罗图

观察恒星在赫罗图上的位置，不难看出，恒星并不是均匀地分布在赫罗图上的，恰恰相反，总体看来它们是成群地聚集在几个区域之内。其中，最为密集的是左上角沿对角线到右下角的一条带状区域，称为主序，位于主序中的恒星称为主序星。对于主序星来说，它的温度越高，光度也越高；温度越低，光度也越低。主序带的右上区域集中的是大量的红巨星和红超巨星——它们温度相对更低，因而颜色偏红，同时它们的光度和体积也更大。赫罗图的左下角也集中了不少恒星，它们温度很高，但是光度却很低，被称为白矮星。

赫罗图对于恒星天文学家来说非常重要，用途十分广泛。第一，赫罗图可以帮助我们估算出遥远的恒星与我们的距离。我们知道，一颗恒星的视亮度与其距离的平方成反比，它离我们越远，看起来越暗；离我们越近，看起来越亮。在天文学中，常用绝对星等表征恒星的实际亮度，用视星等表征恒星的视亮度，星等越低，表示亮度越大。绝对星等与视星等的关系，可用下面一个等式表示：

$$M=m-5\lg r+5$$

其中，$M$ 为绝对星等，$m$ 为视星等，$r$ 为距离。

现在，假如我们能够得到要求的恒星的绝对星等和视星等的值，那么很容易便可以求出此恒星与我们之间的距离。视星等可以由观测直接得到，问题的关键就在于如何获得绝对星等。对于一颗主序星来说，有了赫罗图，这个问题就变得容易了。我们可以在实验室测定这颗恒星的光谱型（有时候甚至单凭观察其颜色也能知晓个大概），由于主序星的光谱型与视星等存在着很明显的对应关系，所以也就不难得出待测量恒星的视星等了。这种测距方法被称为“分光视差法”，这种方法还是进行更深宇宙测距的一级必不可缺的阶梯。

第二，赫罗图可以帮助我们对恒星的质量进行估计。赫罗图上的主序星遵循着这样一个规律：一定质量的恒星只能位于主序的特定位置上，质量小的主序星位于主序带的下端，而质量大的则位于主序带的上端，沿着主序带由下往上，质量渐渐增大。同时由于在赫罗图中光度也是由下往上增大，由此可知，光度越大的恒星，其质量也越大。也就是说，我们得知一颗主序星的光度，下一步直接就能够估测出它的质量。

最后我们要说的是，赫罗图最重要的应用其实是解释恒星演化的规律，关于这一点，我们将在后面的内容中更为详尽地介绍。

## 三、太阳之死

长久以来，人们将太阳源源不断的能量赠予视为理所当然，何曾想到有朝一日它也会走向终结呢？从前面的部分我们已经知道，太阳发光的能量来源是核聚变，用微小的质量损失换得了巨大的能量。尽管太阳本身的燃料储备极多，但正所谓“坐吃山空”，这个过程注定无法永远地进行下去，当可用的氢燃料消耗殆尽，太阳的死期也就将来临。到那时，太阳将会经历一系列剧变，失去它本来的样子，整个太阳系也都将受到波及而天翻地覆。太阳如今已有50 亿岁，大约再过 50 亿年，剧变就将发生。

一个人走向衰老的标志，是他的身材开始发福，肚子上的“游泳圈”渐渐凸出。太阳也是如此，当它离开主序之后，最显而易见的变化便是体积和亮度的增大。太阳的中心温度最高，氢燃料最先耗尽，氦的含量迅速增加。随着反应的进行，太阳内部富含氦的区域越来越大，并逐渐向四周扩散，直到最后太阳中心区域的氢元素被耗尽，形成了一个不燃烧的氦核，核反应只在内核的边缘部分持续进行。前面我们已经讨论过，在太阳内部，由外向内的万有引力和由内向外的气体膨胀压力一直在互相制衡着。而在此时，原来的平衡被打破，太阳的中心区域核反应停滞，温度降低，导致气体向外膨胀的力量明显变弱，不再有能力抵抗引力。这时，太阳的结构就将改变，好像房子的梁柱无法支撑沉重的质量而轰然倒塌一样，氦核在引力的作用下向内坍缩。在坍缩的过程中，引力势能转化成热能，又使得中心区域的温度升高，并将氦核外围的燃烧层加热，使其比此前的氢原子核聚变更加剧烈，持续加快地产生更为巨大的能量。这时，万有引力与气体膨胀压力博弈的局面又发生了逆转，气体压力占了上风，外层物质向外扩张，太阳的外层半径增大，比之前的样子要臃肿得多。伴随着体积的增大，热能获得释放，太阳外层开始冷却，温度降低，它逐渐成为一颗“虚胖”的红巨星。在红巨星阶段，太阳的表面温度尽管有所降低，光度却能够陡然升高数百倍，体积膨胀得无比巨大，至少能将水星或者金星淹没在它的火海之中，那时的地球将会直接遭受猛烈的灼烧，“海枯石烂”将成为现实，一切生命都将不复存在。

与膨胀的外层不同，太阳的内核仍处于不断坍缩的过程之中，温度越来越高。终于，当温度达到1亿摄氏度时，一种新的聚变发生了。类似于氢核聚变为氦，当温度足够高（大约是氢核聚变条件的10倍）时，氦也能够经过两步核反应而聚变为碳。首先，2个氦原子核聚变为$^{8}Be$（铍的一种非常不稳定的同位素，若非特殊条件下会很快发生衰变），之后$^{8}Be$又与其他1个氦核聚合形成碳。用式子表示为：

$^{4}He+^{4}He \rightarrow ^{8}Be+$能量

$^{8}Be+^{4}He \rightarrow ^{12}C+$能量

氦核又被称为α粒子，由于以上过程是3个α粒子核聚变为1个碳原子核，所以又被称为“三阿尔法过程”。

氦核的坍缩不可能无休止地进行下去。根据量子力学中的泡利不相容原理，当众多电子被挤得互相接触到一起，彼此之间再没有任何空余的空间，这时便无法将它们继续压缩。这种状态被称为电子简并态，使电子之间互相接触的压力被称为电子简并压力。电子简并压力的存在，阻止了氦核的进一步坍缩，也正是这个原因，酿成了恒星演化过程中的一次灾难性爆炸——氦闪。当氦核聚变发生时，由于处于电子简并态中，此时气体并没有发生膨胀，能量无处释放，导致中心区域温度发生失控而直线上升。这样，在几个小时内，氦猛烈地燃烧，巨大的能量喷薄而出。氦闪过后，气体的膨胀压力才又重新成为主导，内核开始膨胀并冷却，直到引力与气体压力再次形成平衡，太阳内核中的氦稳定地燃烧成为碳。

当氦代替了氢而成为新一轮核反应的燃料时，太阳又拥有了新的能量来源，焕发生命的第二春。但这一次要比此前短暂得多。氢燃烧足以支撑太阳稳定地燃烧 100 亿年，而由于氦的储量比氢要少得多，消耗却更大，所以氦的燃烧大约只能为太阳的生命勉强延续 1000 万年而已。此后，太阳又将经历氢燃料耗尽时的类似轮回过程：一方面，中心区域的氦枯竭，全部聚变成为碳而形成碳核，随后不断坍缩达到致密的电子简并态；另一方面，碳核外围由于引力坍缩而不断加热，氦壳层和氢壳层的核反应更为剧烈，在气体膨胀压力的作用下，太阳的体积进一步大大膨胀，同时表面温度由于热能的释放而降低。此时的太阳内部结构是多层的，最里面是燃烧后的碳灰烬，向外依次是氦燃烧壳层、氢燃烧壳层以及最外部不发生核反应的包层。

从总的趋势来说，在太阳演化的后期，它的内核与外层物质一直是越来越彼此背离的，前者向内收缩，后者却在向外膨胀。这样看来，最后碳核与包层的彻底脱节也就不足为奇了。在太阳内部核聚变即将停止的时候，太阳的状态会经历一系列复杂曲折的波动，最后的结果是太阳包层以数十米每秒的速度被推开，这些尘埃气体云扩散、弥漫到了太空中，足有整个太阳系的大小，在炽热的内核的辐射下而发生电离，形成了美丽、壮观的行星状星云。“行星状星云”这个名字很容易令人产生误解，实际上它与行星并无干系，名字的得来源于早期望远镜分辨率尚低的年代。1877 年，鼎鼎大名的威廉·赫歇耳通过望远镜观测到这种明亮的气体壳层，在他看来，它与太阳系中围绕行星的圆环十分相似，因而得名。行星状星云是宇宙中最美丽的天体之一，经常是天文摄影中的主角，它瑰奇的形态、绚烂的色彩往往令人赞叹不已。当然，这种美丽是短暂的（仅仅是相对于恒星的漫长一生而言），大约在数千万年之后，行星状星云由于内核的逐渐冷却而变得暗淡下来，气体云也由于持续扩散而慢慢地消散在广阔的宇宙空间中。在银河系中，平均每年都有一个新的行星状星云诞生。自 18 世纪以来，天文学家已经观测了大约 1500 个行星状星云的图像，并对它们进行了编目分类。另外，可能还有大约 1 万个行星状星云隐藏在银河系稠密的尘埃云后面。

最负盛名的行星状星云——环状星云

沙漏星云

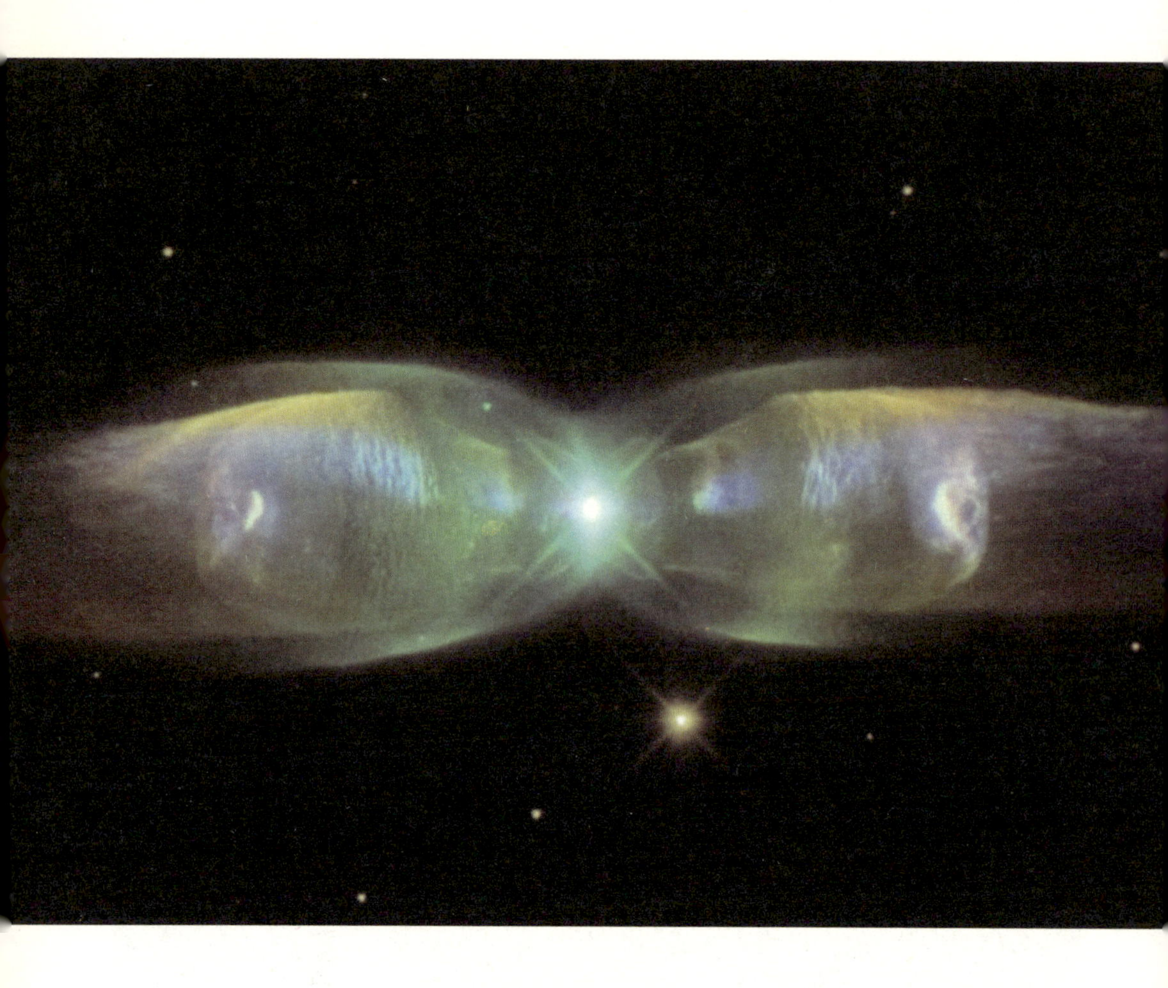

精致的蝴蝶星云

随着包层因转变为行星状星云而渐渐退去，太阳的碳内核开始赤条条地裸露出来。碳内核会不会继续发生聚变，重新启动新一轮的聚变反应呢？不会。原子核中所带正电荷越大，电磁斥力也越大，发生核聚变所需要的温度也就越高。氢聚变成氦需要上千万摄氏度，氦聚变成碳需要上亿摄氏度，若要让碳核进一步发生聚变，所需温度至少要 6 亿摄氏度——这是像太阳这种中等质量恒星所达不到的。这时，碳内核已经达到电子简并状态，无法继续压缩，除了边缘部分的一些碳和氦发生并不剧烈的核聚变而有氧元素生成之外，核反应已经彻底停止了。

遗留下来的稳定的碳内核称为白矮星，“白”是形容它的高温，那曾是一颗恒星炽热的心脏，如今仅靠当年的余温发光；“矮”是形容它的身材，好似一个侏儒，非常小。白矮星可谓短小精悍，尽管体积极小，它的密度却是出奇地大。亚瑟 · 爱丁顿，20 世纪在天文学领域最负盛名的物理学家之一，也正是他使得“白矮星”这个名字广为人知，他对白矮星有过这样一段极为生动的形容：

我们通过接收和破译恒星散发的光芒而得以对它有所认识。天狼星伴星（最为知名的一颗白矮星）发出的信息经过破译后是这样的：“组成我的材料，比你碰见过的任何物质的密度都要大 3000 多倍；1 吨多的物质，只相当于我身上的一小块，甚至能够把它装进火柴盒里。”一个人若是接收到这样的信息，他能怎么回复呢？在

1914 年（那时人们对此还没有足够的认识），最有可能得到的一个回复是："闭嘴！别瞎扯！"

如今我们知道，实际上爱丁顿对天狼伴星的密度估计甚至还有些保守呢！

当太阳成为一颗白矮星，它的生命就走到了尽头。随着时间的流逝，白矮星的能量逐渐散失，温度逐渐降低，光亮逐渐暗淡，走向太阳生命历程的最后一站——黑矮星。最终，太阳在一片冰冷与黑暗中悄无声息地死去。它曾经光焰万丈，它曾经至高无上，它曾经万人景仰，但从此宇宙中的角落里只是多了一具地球体积大小的恒星遗体而已，没有人记得它曾经的辉煌。

## 四、偷来的生命——双星演化

宇宙中并不是所有的恒星都像太阳那样，独自地享受生命，孤单地走向死亡。事实上，大多数恒星是成双结对存在的，它们被称为双星。相比于太阳这种孤立的恒星，双星的演化过程要更加复杂，两颗恒星在共同演化的过程中充满了对彼此生命的偷窃和争夺。

在希腊神话中，有一个可怕的女妖名叫美杜莎，她原本是一位美丽的凡间少女，海神波塞冬垂涎她的美色而在智慧女神雅典娜的神庙中将她强暴。雅典娜无法惩罚她那好色的丈夫，只得把所有怒火发泄在美杜莎身上，将她迷人的秀发变成了满头卷曲吐舌的毒蛇，毁坏她的容貌和肌肤，并且施加诅咒，任何直视她双眼的男人都会立即化为一座石像。后来，年轻的英雄珀尔修斯将这个蛇发女妖的头颅一刀砍下，并将其挂在腰间。珀尔修斯死后，升到天上成为英仙座，而美杜莎的头颅就是如今的英仙座 β 星，中文名称为大陵五。

人们很早就发现，这颗星星的亮度有些变化不定，让人难以捉摸，所以又称之为“魔星”，过去在西方的占星家看来是极为凶险的。最早揭示魔星光度变化之谜的是英国的一位聋哑青年约翰·古德里克，在 1782 年 11 月 12 日的晚上，他觉察到这颗恒星的亮度只有平时的 1/6，但到第二天晚上再次观察时，它又恢复了正常。他从未见过或听说过任何恒星的亮度能够在如此短的时间之内显出如此巨大的变化。起初古德里克怀疑是望远镜或者自己的眼睛出了什么问题，后来又推测可能是大气的变化或者某些光学效应的干扰，但在连续观测一整个冬天之后，他确信，大陵五的光度的确处于变化之中，而且存在着固定的周期：大约每隔 2 天又 21 个小时由亮变暗一次，在 3.5 小时内亮度一直减弱到正常亮度的 1/3，然后又经历 3.5 个小时逐渐恢复到正常亮度。很快，这位年仅 19 岁的天才青年便在英国皇家学会的刊物上发表了论文，在这篇文章中他推测，可能存在另外一个天体围绕着大陵五进行着有规律的转动，从而遮挡了它的光芒而导致亮度变暗。也就是说，大陵五并非一颗孤立的恒星，而是一对大小、光度有较大差别的双星，由于发生类似日食、掩星那样的交食现象而产生了光度的变化：平时两颗恒星处于正常状态时，人们见到的星光是两星的光度之和，显得较为明亮，而当较暗的伴星挡住了较亮的主星时，看到的星光便大大地减弱了，但当主星掩盖了伴星时，光的损失不大，亮度没有减弱太多。

古德里克的发现在当时并没有引起人们的重视，很快便湮没不闻了。天文学家们都认为他的结论是“轻率的”“不足取的”，他们运用更为大型的望远镜也没能看出这对双星，包括那个时代最为著名的天文学家威廉·赫歇耳在内。但是在今天我们知道，掌握真理的一方实际是古德里克，魔星大陵五的确是一对交食双星，主星为一颗 3.7 倍太阳质量的、光谱型为 B8（蓝巨星）的主序星，而伴星则是一颗 4/5 太阳质量的红巨星，伴星在非常接近主星的圆轨道上运行，二者相距 4000 万千米，轨道周期大约为 3 天。

现在问题出现了。根据天文学家的计算，一颗恒星的质量如果很大的话，它强大的引力将会产生更多的热量，核燃料会迅速地消耗，它的演化进程将会因此而大大加速。相反，一颗低质量的恒星，尽管它本身储存的核燃料很有限，但因为它能够“细水长流”，所以反而更加长寿。例如，10 倍太阳质量的角宿一寿命大概只有 1000 万年，太阳的寿命大约 100 亿年，而像比邻星那样的低质量红矮星的寿命甚至能够达到数万亿年。大陵五双星是同时诞生的，年龄相同，按常理来说，3.7 倍太阳质量的主星应该早早离开主序才对，但现在的情况是，仅有 4/5 太阳质量的伴星反而率先衰老成了一颗红巨星，这样的矛盾该作何解释？

早在 19 世纪，法国数学家、天文学家爱德华·洛希就对双星问题做过研究。他为两颗恒星划分了属于各自的势力范围，这是两个泪珠状的空间区域，任何在此范围内的物质都要受到此恒星的引力支配。两颗恒星的势力边界位于它们连线上的拉格朗日点，在这里，两颗恒星的引力恰好相等，达到平衡。恒星的质量越大，它所支配的范围越广，在各自的地盘中，它们井水不犯河水，物质既不会从这边流到那边去，也很难从那边流到这边来。基于此，天文学家在 20 世纪 60 年代通过计算机模拟双星的演化过程，双星演化佯谬总算被彻底解决。天文学家这时候才知道，起初，大陵五的两个成员——质量较大的恒星 A 和质量较小的恒星 B 的确是井水不犯河水的，它们那时都是年轻的主序星，各自老实地待在自己的领地。可是在后来，质量较大的恒星 A 率先演化至红巨星阶段，膨胀后的巨大体积逐渐超出了它自己的势力范围，溢出的物质脱离了恒星 A 的引力束缚，于是恒星 B 便开始趁火打劫，大量地窃取流失的物质，据为己有。经历了这样的过程，恒星 B 的质量越来越大，恒星 A 由于大量的物质流失而质量大大减小，最终它甚至没有足够的能力进入氦闪，无法形成真正的碳内核便草草结束了自己的一生，成为一颗可怜的氦白矮星。

但故事不会就这样简单地结束。贪婪的恒星 B 质量虽然变大，寿命却缩短了，用不了多久，它也将走到自己的暮年，成为一颗红巨星。假如那时恒星 A 尚未死亡，仍是一颗红巨星，那么这对双星尚能相安无事，共同走向死亡。倘若结果不是那样，恒星 A 已经死亡变成了一颗白矮星，那么，一件震撼的暴力事件将会发生，恒星 A 将会趁机复仇，夺回曾属于自己的生命物质，实现重生。

类似于前面发生的过程，恒星 B 在变成红巨星之后物质溢出，已经成为白矮星的恒星 A 通过潮汐引力将那些流出的物质（构成恒星的主要成分氢和氦）又逐渐收集起来。由于双星系统的自转以及白矮星较小的体积，这些物质并不会在流经内拉格朗日点后就直接落到恒星 A 上，而是在它的周围形成一个巨大的旋涡，好像一个扁平的圆盘，因此称为“吸积盘”。吸积盘内的物质由于彼此摩擦，动能很大一部分转化成为热能，导致速度减小而逐渐向内漂移落到白矮星的表面，同时吸积盘的温度持续上升，放出强烈的可见光和紫外线、X 射线等辐射，其亮度甚至超过了白矮星本身。渐渐地，恒星 A 夺回来的物质越积越多，温度也越来越高，最终，氢元素被重新点燃，它获得了新的生命！这次重生短暂而剧烈，氢元素以极为惊人的速度聚变为氦，恒星 A 的亮度在极短的时间内飙升，只需几天的时间便能够陡然增亮 11 等，使得原本在黑暗中默默无闻的它突然在夜空中闪耀地出现，夺人眼目。人们因此称此时的恒星

A 为“新星”——这多少有些名不副实，因为它一点儿也不“新”。新星这样剧烈的爆发并不能维持很久，随着燃料的耗尽，大约几个月后，新星的亮度将会逐渐降低，直至回复到正常的状态。尤其值得一提的是，恒星 A 的重生并不限于一次而已，它仍然会不断地窃取红巨星 B 的物质，以至于新星爆发这种剧烈的过程能够重复几十次甚至上百次！

在本篇的最后，还有一点应当指出，在个别的条件下，复仇的恒星 A 还有可能经历一场更为惊天动地的壮烈事件——碳爆发超新星。与此有关的内容我们将会在下一篇“超新星爆发”中介绍。

## 五、千年之缘——超新星爆发

1054 年 7 月 4 日，有一颗极为耀眼的星星突然出现在天关星（金牛座）附近，有数寸大小，发出夺目的红白色光芒。在长达 23 天的时间内，它的亮度远远地超过了金星，芒角四出，即使在白昼也依然清晰可见。大宋司天监的官员杨惟德将这一奇异的天象细致地记录下来，并迅速呈报给当时的皇帝宋仁宗赵祯。在中国古代，这种天空中突然出现、不久又离开的星星被称为“客星”，就好像客人一样，到访之后待了一段时间就走。天关客星倒并不怎么“见外”，前后足足待了 643 天才渐渐消失。杨惟德在奏章中说，天关客星的出现是一个大大的吉兆，意味着将会有大贤之人出世，辅佐君王治国平天下。仁宗听了，龙颜大悦。

1054 年杨惟德观测到的所谓“客星”，其实是一颗超新星。超新星的爆炸是恒星世界中最剧烈的爆炸，在短短的时间内能够将它一生的能量全部释放出去，其强度大约为新星爆发的数百万倍，产生的电磁辐射总量约 $10^{43}$ 焦耳，亮度达到太阳的数千亿倍，足以将整个星系照亮。前面我们曾说，新星是名不副实的，而这里我们要介绍的超新星同样如此，它并不是一颗刚刚诞生的星星，恰恰相反，超新星是大质量恒星演化末期的产物。所谓大质量恒星，指的是 8 倍太阳质量以上的恒星。与太阳这样的中等质量恒星不同，大质量恒星内部不仅会发生氢聚变、氦聚变（由于其中心的温度足够高），还能够进一步触发碳聚变、氧聚变等更重元素的聚变，形成氖、镁、硅等重原子核。在中心区域，氢燃尽之后形成氦核，氦紧接着作为燃料形成碳核，之后碳核继续燃烧成为氧，氧又聚变为氖、氖聚变为镁、镁聚变为硅，最终形成了最深层的铁核心，这样层层叠加，导致恒星的内部最后形成了洋葱状的核心。尽管大质量恒星的内部碳、氧甚至硅等重元素都可以作为核反应的燃料，但这对于它生命的延长起到的作用其实很有限。举例来讲，一颗 20 倍太阳的超大质量恒星中的氢元素可以支持其燃烧 1000 万年，氦元素能支持燃烧 100 万年，碳元素支持燃烧 1000 年，氧元素只能支持燃烧 1 年，硅元素更短了，只能支持燃烧 1 星期，而铁核只能勉强支持不到 1 天！当铁内核形成之后，它是否会像比它更轻的几种元素一样，继续聚变成为更重的元素呢？答案是否定的。铁是最为稳定的元素，我们知道，轻元素（如氢、氦等）聚变为更重的元素会产生质量损失，释放大量热量；而铀、钚等重元素裂变为更轻的元素同样会释放大量热量（就像原子弹的原理），而铁恰恰位于元素序列的中间位置，它既难以发生聚变，也难以发生裂变。当铁核逐渐生成之后，核反应便戛然而止。这时，恒星内部的支撑力将会减弱，巨大的引力占据上风，原来的平衡被彻底打破，恒星将会开始强力坍缩。此时恒星的核心温度能够达到 100 亿摄氏度，这种极端的环境甚至能摧毁铁核，它被打碎成质子和中子。在这种情况下，带负电的核外电子与带正电的质子结合，生成了中子和中微子。中微子可以顺利地逃逸，于是核心便只剩下了被巨大的引力紧紧压缩的中子。这里的密度是惊人的，中子与中子紧紧挨到一起，每立方米的质量竟然高达 100 万亿吨！当压缩得不能再压缩时，它将会触底反弹，核心区将会在一瞬间报复性地膨胀。这时灾难性的事件便发生了，一股巨大的能量冲击将会高速横扫恒星，将洋葱状的分层统统炸裂喷射到太空中，产生巨量的光辐射和物质爆发，甚至比一整个星系的光芒更加显著。这是大质量恒星一生最后的壮烈，被称为“核坍缩超新星”，而它喷射到星际空间中的物质便形成了美丽的星云。

超新星根据光谱中氢元素的含量可以分为两种类型，一种是贫氢的Ⅰ型超新星，另一种是氢元素含量较大的Ⅱ型超新星。Ⅱ型超新星即核坍缩超新星，由于大质量恒星临死前的爆炸将富含氢和氦的外部包层吹散到空间中，所以得以在光谱中观测到大量的氢谱线。Ⅰ型超新星又称为碳爆发超新星。与核坍缩超新星的形成方式不同，碳爆发超新星的前身是新星。新星从白矮星表面喷射物质，但它们不一定喷射或燃烧自上次爆发以来累积的所有物质。也就是说，在新星的每次循环中，矮星的质量有可能在缓慢地增加。随着质量的增加，需要维持这一质量的内部压力也会增加。事实上，一直支撑白矮星的电子简并压力也存在着一个极限，称为钱德拉塞卡极限，以著名的美籍印度裔物理学家苏布拉马尼扬·钱德拉塞卡的名字而命名。如果白矮星的质量过大，超过这一极限，电子也将无法再支撑自身的压力，它将会迎来更进一步的坍缩。新一轮的坍缩发生后，白矮星内部的温度迅速上升，使得碳元素达到产生核聚变的条件，生成了更重的元素。此时，白矮星便能够发生强度足以与大质量恒星暴死相提并论的另一种超新星爆发。

1930 年，年仅 20 岁的印度青年钱德拉塞卡大学毕业，坐上了客轮，将要前往英国剑桥大学攻读博士学位。枯燥寂寞而又颠簸的海上航行令他颇觉不适应，于是钱德拉塞卡拿起了笔，开始计算他一直很感兴趣的白矮星质量相关问题。从印度马德拉斯出发到英国南安普顿上岸，在这 18 天的旅程结束后，他确信自己已经得到了一个重大的发现：白矮星的稳定性存在一个质量极限，大约为 1.4

倍太阳质量，倘若白矮星质量大于这个极限值，电子简并压力便不能对抗引力作用，它将会继续坍缩下去。这种观点在当时来讲是难以被人接受的，学者们普遍认为，白矮星是稳定的，它应该是恒星最后的归宿。在1935年英国皇家学会的一次学术会议上，钱德拉塞卡将他最近又经过4个月仔细核算后的成果向众人宣读。然而，他却未曾料到，自己将会遭受恒星天文学的权威亚瑟·爱丁顿爵士的猛烈攻击。事实上，爱丁顿曾是他的一个偶像，当钱德拉塞卡在大学时代因为一篇论文而在学术竞赛中脱颖而出时，他获得的奖品就是爱丁顿的名著《恒星的内部结构》，当时他欣喜若狂，将其视若珍宝，爱不释手。近年来，在他来到剑桥之后，爱丁顿还多次对他给予帮助，两人是颇有交情的。就在会议之前喝茶的工夫，爱丁顿带着神秘的微笑对钱德拉塞卡说："一会儿我要让你大吃一惊呢！"听闻这句话，钱德拉塞卡立即倍感压力，心中忐忑。果然，在他讲演之后，爱丁顿随即上台做了一个与钱德拉塞卡的主题完全一样的报告，同为"论相对论性简并"，但观点却是完全针锋相对！爱丁顿对钱德拉塞卡的研究大大地批驳了一通，认为他基础性的数学证明本身就存在错误，纯属一派胡言，在大庭广众之下当场撕毁了钱德拉塞卡的讲稿，并嘲弄说："我不知道我是否能够活着逃离这个会议，但我的论文的要点是，根本就不存在钱德拉塞卡博士所谓的相对论简并！"爱丁顿相信，恒星绝无可能一直坍缩下去，必然会有某种自然规律能够阻止这种情况的发生。

这次事件对于年轻的钱德拉塞卡打击非常大。爱丁顿是学术权威，是当时天文学和物理学领域令人仰望的巨人，与之相比，人微言轻的钱德拉塞卡毫无还手之力。当时也有一些科学家更倾向于钱德拉塞卡的观点，比如泡利，他早已受够了爱丁顿的专制与傲慢，所以当钱德拉塞卡向他请教说："爱丁顿教授认为我的结论不符合您的泡利不相容原理。"泡利当场就讽刺说："不，你的结论符合泡利不相容原理，只是不符合爱丁顿不相容原理。"但像泡利这样支持钱德拉塞卡的毕竟是少数，大多数科学家，包括物理学的世纪伟人爱因斯坦在内，都更倾向于爱丁顿的观点。钱德拉塞卡的学术生涯因此而遭受重挫，当他拿到博士学位后在英国谋求一个教职时，人们常常会忆起爱丁顿对他的否定，极少有人认可他的才华和成就。他成为一个弃儿，不得不在 1937 年远走美利坚，才终于幸运地在芝加哥大学找到一个学术职位。尽管在他的内心中依然坚信自己的理论是正确的，并很用心地将其进一步整理成书，但他同时也了解，目前的形势迫使自己不得不暂时放弃对于恒星演化的研究。此后，钱德拉塞卡开始辗转于其他的多个研究领域，成果也颇为丰硕。直到数十载以后，当初钱德拉塞卡在客轮上得到的计算结果才终于获得学术界的承认，他因此获得了 1983 年的诺贝尔物理学奖，然而此时，那个曾经意气风发的青年已经是一位 73 岁的老人了。

1731 年，英格兰威尔特郡老塞勒姆的外科医生、天文学爱好者约翰 · 贝维斯（John Bevis），用小型望远镜在天关星附近的位置上，发现了一个奇怪的“椭圆形雾斑”。1758 年，法国天文学家查尔斯 · 梅西耶（Charles Messier）在追踪观测一颗亮彗星时，也偶然地看到了它，于是，将它收为自己编制的“梅西耶星团星云表”中第一个成员，记为 M1。时间到了 1848 年，英国天文学家罗斯伯爵耗资 12 000 英镑造出了一架当时最大的天文望远镜“列维亚森”。这个庞然大物竖起来有六层楼那么高，口径达 72 英寸（约 183 厘米），重 3.6 吨。罗斯伯爵在比尔城堡用它观测 M1 星云之后发现，这个天体具有明显的纤维状结构，外观很像一只大螃蟹，遂将其命名为“蟹状星云”。1921 年，美国科学家邓肯（J. Duncan）在研究两组相隔 12 年的星云照片后，对比之下惊奇地发现，原来蟹状星云竟然时刻都在膨胀，据计算，其膨胀速度高达 1100 千米 / 秒！这就意味着，尽管现在这只大螃蟹直径有 7 光年之辽阔，但是很久以前它可能仅仅是从一个极小的区域内扩散开来的。人们开始质疑，蟹状星云究竟是如何起源的，具体又起源于什么时候呢？荷兰天文学家奥尔特（J. H. Oort）从星云的膨胀速度反向推理出，这些纤维状物质大约是 900 年前从一个密集点飞散出来的。之后，经过埃德温 · 哈勃、尼古拉斯 · 梅奥尔等多位天文学家的不断推算、论证，最终得出结论：大名鼎鼎的蟹状星云起源的答案就在一千年前中国宋代宫廷天

蟹状星云

文学家杨惟德的那个天文记录当中！如今夜空中美丽的大螃蟹，实际上就是1054年那颗耀眼的、“吉利”的天关客星爆发后的遗迹。蟹状星云，成为第一个被确认与超新星爆发有关的天体。

假如说，爱丁顿对于物理学上的最新进展足够敏感的话，他或许能够重新审视钱德拉塞卡的研究。1932年，查德威克和约里奥夫妇发现中子，消息传到哥本哈根的物理学研究所时，当天晚上量子力学创始人玻尔即召集全体成员开会。当时有一位来自苏联的年轻学者朗道也在席间，这位天才物理学家当时就做出预言："宇宙中可能存在主要由中子构成的星。"这个预言直到30多年之后才被证实，而第一个被明确找到的中子星正是来自蟹状星云。

20世纪后半叶，射电天文学蓬勃发展，人们开始在可见光之外的电磁波段寻求天文学的突破。1967年，剑桥大学新建成的一架新型射电望远镜投入使用，它分排成16排2048个天线，占地总面积达21 000平方米。当时年仅24岁的约瑟琳·贝尔正在剑桥大学攻读博士学位，她的老师休伊什交给她的任务是：仔细查看射电望远镜所接收到的来自宇宙的无线电波记录纸带，并按时写出汇报。记录纸带极长，巡查者必须具有足够的敏感和耐心。贝尔同时具有这两种优点，而且天资聪颖，根据纸带的前30米，她已能够做到将射电信号与地球上的无线电干扰准确地区分开来。大约在接受任务的一个多月之后，她发现了观测记录上出现的一次异常现象，这与其他常见的射电信号明显都不相同。待要进一步探究下去，她却由于其他的工作而不得不暂时将其搁置。此后，在1967年10月，贝尔试图再次捕捉这种现象，但无奈这样的机会稍纵即逝，她没有能够成功。同年11月底，这种奇怪的信号又一次出现了！贝尔兴奋异常，她注意到记录的纸带在笔尖下徐徐移过，看得出来这种信号是由一系列脉冲组成，而且这些脉冲的间隔时间似乎是相等的。之后，她从观测仪器中将纸带取出来一看，果然，自己的猜测是正确的，相邻脉冲的时间间隔为 $1\frac{1}{3}$ 秒。这样规则的脉冲信号从何而来呢？贝尔意识到事关重大，立即将自己的发现打电话告诉她的导师托尼·休伊什。起初休伊什并没有表现出足够的兴趣，在他看来，这样规则、整齐的射电信号只能是人为造成的现象。但是当他第二天赶到现场时，他目睹了贝尔曾看到的那种奇怪现象，每当同一天区通过望远镜视场，这种规则的脉冲信号就会重现。这证明，信号的确来自宇宙的某处而不是地球。但是，这信号是那样规整，也不得不让人推想它的确属于某种刻意所为。难道说，真的是某个遥远星球的智慧生命所发出的联络信号？休伊什不禁怦然心动。他最近迷上了一本精彩的科幻小说，讲的是某个遥远星球上高度发达的外星文明，由于强大的引力作用，那个星球上的居民身材十分矮小，但他们科技极为先进。由于缺少体力劳动而四肢逐渐退化，大脑却进化得异常发达，显得尤其硕大。更奇妙的是，他们不需要摄取一般的食物，他们绿色的皮肤可以通过光合作用制造出足够维持生命的能量……很自然地，休伊什将当前这个神秘的射电信号与外星人联系在了一起，将其记作“LGM1”。LGM是“Little Green Men”的缩写，即科幻小说所描述的小绿人。休伊什一度很努力地去尝试破译“小绿人”发来的信息，但没过多久，他的女研究生约瑟琳·贝尔就又带来了新的消息。在圣诞假期之后，又有3个类似的射电源被相继发现。怎么会有4个“小绿人”同时向我们呼叫？显然，几乎可以排除它是外星人的联络信号这种可能。于是，在1968年2月，托尼·休伊什在剑桥召开了学术报告会议，宣布他们发现了一种能够发射射电脉冲的新型天体，即脉冲星。这次会议在当时引起了相当广泛的讨论，所有在剑桥工作的天文学家都对此表现出极大的兴趣。著名天文学家霍伊尔也曾出席这次会议，在发表结束评语时，他说：“我猜测那应该是超新星爆发后的残余星体，而不是白矮星。”

随后的观测证明，霍伊尔的猜想是完全正确的。

在约瑟琳·贝尔发现脉冲星的消息传开之后，天文学家利用同样的手段相继发现了更多的脉冲星。1968年秋天，天文学家又在蟹状星云的方向发现了周期为0.03秒的脉冲星信号，这引起了他们极大的兴趣，很多学者热切地希望能够亲眼观测到它。这并不容易，人类的肉眼根本没有能力准确地区分出一颗暗弱天体发出的光究竟是连续不断还是脉冲式的。借助照相方法也不行，因为它的原理是将这颗天体的光的作用在底片某处累积起来，事后同样无法将均匀不变的光辐射和脉冲式的光辐射分别开来。可行的方法是，在望远镜的后面装上一台摄像机，同时要求把光学图像从摄像机传送到两处电视屏幕上。首先我们已经通过射电望远镜测出了这颗脉冲星发出的脉冲信号周期，之后我们就要设法将它的前半周期显示在屏幕 A 上，将它的后半周期显示在屏幕 B 上。如果某天体的可见光以射电脉冲的周期明暗交替变化，那么可以使脉冲总是传到电视屏幕 A 上，而把它不发光的无脉冲区段传到屏幕 B 上，形成空白点。相反，那些非脉冲光源因为自身明暗变化的过程是连续的、渐变的，就会在 A、B 两个屏幕上显得一样亮。这样，只要对比一下这两个电视屏幕上的图像，很明显地就可以判断出，是不是有某一颗星在发着以射电脉冲周期为节奏的脉冲式信号。运用这种方法（尽管具体装置并不完全相同，但基本原理是一致的），不久之后，蟹状星云中的那颗脉冲星成为第一颗被人们看到的脉冲星，由两位美国的年轻天文学家所发现。

在蟹状星云中发现脉冲星后，天文学家意识到，脉冲星与超新星爆发二者之间可能存在着千丝万缕的关联。此后越来越多的天文观测证据也有力地支持了这一点，人们曾先后多次在超新星爆发后的区域发现了脉冲星。现在我们知道，脉冲星实际上就是高速自转的中子星，是超新星爆发后的中央残骸。当大质量恒星剧烈地向内坍缩即将形成超新星时，中子被紧紧压缩在了一起，依靠中子简并压力对抗无比巨大的引力，紧接着核心部分向外剧烈反弹，形成强大的冲击波，大量物质瞬间被抛撒到广阔的太空。这些物质后来形成了弥散在宇宙中的美丽星云，但由中子构成的致密的核心并没有遭到破坏，而是成为宇宙中一类特殊的天体——中子星。和白矮星一样，中子星同样是恒星死后的遗骸，其内部的所有核反应都已经彻底停止。我们曾为白矮星极高的密度而惊叹不已，但要和中子星比起来，那就是小巫见大巫了。中子星的质量与普通恒星差不多，但体积却极小，直径只有几十千米，地球上的一座大城市便能够装下它。中子星的平均密度为 $10^{17}kg/m^3$，大约是白矮星密度的 10 亿倍。不妨做些更为形象的说明：中子星巴掌大的一块物质，大约就可以抵得上地球上整座喜马拉雅山脉的重量。这样致密的星体，其引力也是可怕的，倘若我们登陆到某颗中子星表面，其结果我们一定不想看到——巨大的引力将会使我们的身体变得和纸片一样薄，紧紧地贴在中子星表面不能动弹。其实，中子星的自转速度极快，若非自己本身的引力足够强大，恐怕早就被巨大的离心力撕碎了。

那么，为什么中子星会发射脉冲信号呢？可以做一个类比。船只在海上航行时，往往需要灯塔的指引。旧时的灯塔，通常使光线沿水平方向射出，为了确保周围每个方向都能够看到光芒，于是又在塔顶安装旋转装置。这样一来，海上航行的船只每隔一段时间便会受到灯光的直射。脉冲星的原理与此一致。就像我们的地球一样，中子星也具有磁场，而且磁南北极与地理南北极并不重合，中子星自转时，带动它的磁场一同旋转。这时，有大量的中子转变为带正电的质子和带负电的电子，它们以极快的速度逃离中子星向外太空飞去。由于中子星的磁场极为强大，这些带电粒子很难横穿磁力线，所以留给它们的只有两个出口——两个磁极区。这样一来，沿磁力线向外射出的带电粒子就形成了一对锥状的辐射束，就像旋转的探照灯一样，随着中子星的自转，每隔一段时间我们便会被辐射束扫到，探测仪器就在此时接收到明显的脉冲信号，其周期与中子星的自转周期一致。自从 1054 年那次剧烈的超新星爆发以来，蟹状星云一直以光辐射的形式耗散着能量。它的命运本该是逐渐变暗然后最终消失，但脉冲星挽救了它。正是脉冲星这座“灯塔”辐射出的高速运动的带电粒子，为蟹状星云带来了源源不断的能量补充，使得时至今日，历经千年，天空中的那一片弥漫的蟹状星云始终保持其光辉，如同当年一样璀璨明亮。作为代价，脉冲星的能量渐渐流失，自转周期渐渐增大，“灯塔”转得越来越慢了。

就像当年钱德拉塞卡计算出白矮星的质量上限一样，1939 年，美国物理学家奥本海默（他后来曾领导美国的原子弹研究“曼哈顿计划”，被称为“原子弹之父”，因此广为大众所熟知）在对中子星进行理论研究时，发现中子星也存在一个质量上限，即奥本海默极限。不过，起初奥本海默的计算结果并不太正确，后来奥本海默极限的修正值为 2 ～ 3 个太阳质量。如果中子星的质量超过奥本海默极限，那时中子简并压力也将无法抵挡这强大的引力，进一步向内坍缩不可避免。奥本海默预言，坍缩的最终结果将会是“暗星”，也就是我们今天所说的黑洞。

## 六、恒星生命的轮回

在古代西方神话中，有一种神鸟名叫菲尼克斯（Phoenix），我们也常称之为“火凤凰”。火凤凰拥有美丽的羽毛，一部分是金黄色，另一部分是鲜红色，外形很像一只巨鹰。它生长在阿拉伯的沙漠之中，住在一口枯井附近，每当黎明来临，便会在清晨的阳光中引吭高歌。歌声高亢美妙，连太阳神阿波罗也不由得停下他的战车，在一旁默默地倾听。在传说中，火凤凰是一种不死的神鸟，寿命长达500年。当神鸟预感到自己的生命即将走到尽头时，它会找到一棵大树，采撷各种香草和树枝在上面构筑起一个巢，然后在这里它发光自焚，让熊熊的火焰燃尽自己曾经的躯体。但这并不是结束，最终它将从这一片燃烧的灰烬中重生，开启新的生命轮回。经过无数次这样的循环，火凤凰得以永生。

恒星实际上就是能够浴火重生的“火凤凰”。最早提出这个观点的是18世纪德国哲学家康德，他曾说：“大自然的火凤凰之所以自焚，就是为了要从它的灰烬中恢复青春得到永生。”一颗恒星的死亡，并不意味着恒星生命的彻底结束，恰恰相反，这是恒星生命轮回的又一次开始。恒星在走向死亡的过程中，尤其是大质量恒星临死前的壮烈爆发，大量的恒星物质被抛撒到广阔的星际空间中，这些就是它死后的灰烬。正是从这些灰烬中，新的恒星又逐渐孕育而生。

我们常常称星际空间为“太空”，但事实上，“太空”并不是真正意义上的虚空，星际空间中充满着气体和尘埃物质。总的来说，这些物质的存在十分稀薄，大约每立方厘米的空间中只能找到一个星际气体的原子——这比人类能够制造的最严格的真空环境要稀薄得多。星际尘埃就更少了，平均每万亿个原子才对应有1颗尘埃颗粒。形象地说，如果有人能把地球那么大的空间内的所有星际气体和尘埃统统归拢、收集到一起，所得到的物质也极其菲薄，甚至连做一对骰子都还不够。通常星际气体的温度在-170℃左右，星际尘埃则更低，只有-260℃，可见这里一片极寒，与绝对零度（约-273℃，指原子和分子停止运动的温度，是理论上的最低温度）已经相差不太远了。但星际空间中并非到处都如此荒凉而寒冷，有些区域星际物质的密度要比周围高几千到几百万倍，温

最为知名的恒星诞生地——鹰状星云的创生之柱

度也能够升到很高，那里将会是新恒星诞生的地方。

我们可以设想，星际物质中的每个原子对于其他原子都存在着引力作用，它们倾向于彼此靠近，凝聚在一起。正像前面我们讨论过的那样，气体压力常常都是引力坍缩的最大阻碍，引力与气体压力的彼此竞争与平衡贯穿了恒星漫长的一生。当一些原子在某个时刻聚集到一起，它们结合后彼此之间的引力也并不足以使它们就此成为一个凝结的团块。尽管温度非常低，但每个原子无序的热运动仍然可以将短暂结合的原子群轻而易举地拆散。就目前的情况来讲，气体压力比引力作用的影响要强得多。根据牛顿万有引力定律，质量越大，引力才会越强。所以，引力要想胜过热运动而占据主导作用，就必须有极其巨量的原子群同时结合在一起才行。这个数字是多少呢？至少 $10^{57}$ 个原子，这是一个大到难以想象的天文数字。我们知道，地球上所有海滩上的沙粒总数是 $10^{25}$，这个数字已经极大，但若要拿来做对比，那也只是小巫见大巫了。

必须有巨量的原子“偶然”聚集在一起，在自身引力的作用下，物质才会开始收缩凝聚，这就是新恒星孕育过程的起点。可以想象，这样“偶然”的机会是多么难得。如果没有外在的作用去“推”一把，引力和气体压力之间的平衡将会继续下去，坍缩将不可能发生。天文学家认为，最经常扮演这个助推角色的可能是超新星爆发时产生的强烈的激波。这就好像熙熙攘攘的人群在拥挤的空间中走动，他们摩肩接踵，有时甚至会撞击一下彼此，在通常情况下人们会旋即分开，继续他们原来的运动，基本不会影响人群的稳定。但是一旦有紧急的外在事件发生，例如，有一辆失控的汽车突然冲了过来，那么人群必然会引起一阵骚乱，人们甚至会彼此同时撞倒在广场上，酿成一起很大的事故。恒星的形成过程也是一样，外在的助力是打破平衡必不可少的关键。

在恒星世界中，像太阳那样的孤独者是不多的，大多数恒星喜欢成双成对甚至三五成群，彼此之间伴随在一起。至于原因，也应当追溯至恒星形成的初始阶段。当平衡被打破、坍缩开始之后，孕育恒星的星际物质云团将会在引力的作用下不断分裂，从而形成几十个甚至成百上千个碎块，每一个碎块接下来又会分裂成更小的碎块。这些碎块不断地坍缩和碎裂，过程持续好几百万年的时间，最终恒星将会从小的碎块中诞生。也就是说，每个大的星际物质云团同时孕育着数十颗甚至数百颗恒星。所以人们常常形容，恒星降生时都是“多胞胎”中的一个。也正是这个缘故，多星系统成为恒星世界中极为常见的一个现象。事实上，我们的太阳也不例外，只不过它的那些兄弟在很久以前就由于银河系潮汐力的作用而分散各地了，只剩它孑然一身。

碎块在自身引力的作用下继续收缩，沿着恒星演化的轨迹继续向前。在坍缩的过程中，大量引力势能被释放，不断有光和热持续产生。不过，此时碎块整体的平均温度却没有明显地升高。这是因为，碎块中的物质此时还十分稀薄，光和热很容易地便穿越而出，辐射到外部空间当中，能量基本都散失出去了。只有在中心区域，物质在那里聚集，密度要比外层更大，光子要想穿越出去需要面临重重阻隔，就好像被裹上了好几层厚厚的衣服，因此中心区域温度呈现出较为明显的增高。大约又经过了几万年的碎块收缩过程，碎块中心密度的增加速度远远大于边缘部分密度的增加速度，碎块中心被裹得越来越严实，光子要想逸出面临的困难越来越大，最终导致内部的光和热无法再辐射出来。这样，光子的能量只能被碎块内部重新吸收，以致其温度越来越高，中心甚至能够升至 10 000℃，远比炼钢炉的温度还要高。与之对应的，碎块外部的物质依然稀薄，温度依然没有特别大的升高。

接下来，碎块的形态将会产生令人惊异的变化。相信很多人都熟悉这样的场景：花样滑冰运动员伸直脚尖在冰面上舞蹈，开始时她舒展双臂，稳稳地旋转，但当她将双臂收拢在胸前的时候，并不需要外力的帮助，她的旋转速度就有明显的加快。从物理学上讲，这是角动量守恒的结果。同样的道理，随着碎块的不断收缩，它的自转速度也会急剧增加。相应地，碎块的离心力也将会越来越大，导致形态也发生改变，变得越来越扁平化，最终成为一个旋转的盘状天体，这种天体被称为原恒星盘。原恒星盘的中心区域即原恒星，它是即将诞生的恒星胚胎，而原恒星盘的外围部分则有可能在日后成为围绕这颗恒星公转的行星。以我们的太阳系为例，太阳即脱胎于原恒星，木星、地球、火星等行星则是从原恒星盘外围部分演化发展而来。

在新的恒星诞生之前，原恒星仍处于不断地演化之中。它的体积仍在收缩，密度逐渐增大，温度持续飙升，中心区域甚至能够达到几百万摄氏度，外层的温度也升至几千摄氏度的高温。原恒星的外层与核心之间开始连成一体，光和热都涌了出来，其亮度将会是惊人的。以太阳的原恒星为例，其表面温度实际上还不及太阳表面的一半，但它的体积却是太阳的好几百倍，以至它的光度远远地超过太阳——大约是太阳光度的几千倍！在这个阶段，原子早已发生电离，丢掉了它们的外层电子，原子核裸露出来，万事俱备，只等温度达到必需的条件就立刻发生聚变。由于原恒星的温度越来越高，气体压力开始变得极大，抵抗引力收缩的能力越来越强了。引力收缩一分，气体压力便会相应地增强一分。这样的结果是，引力收缩变得越来越困难，原恒星的发育过程大大地减缓了。在新恒星降生之前，它遭遇到了演化过程中最后的，也是最大的困难，这是它成为一颗真正恒星前所必须通过的最后一关。最终，引力还是用尽气力艰难地使恒星又收缩了一些，总算使其中心温度上升至1000万摄氏度，达到引发核反应的条件，质子开始聚变成氦原子核，一颗新的恒星诞生了！

假如说，原恒星的质量不够大，那么它将没有能力克服这最后的困难，在达到核聚变所需的条件之前，高温气体的压力便抵消了引力的作用，原恒星无法继续收缩下去。那么，功亏一篑，其自身的核反应将无法发生，原恒星永远也不会成为一颗真正的恒星。接下来，它只能够将引力势能转化而来的热量渐渐地耗散，最后沦为恒星演化的失败者——褐矮星。褐矮星个子很小，光芒微弱，天文学家常常用红外望远镜来搜索它们的存在。据统计，这些失败者和成功者（真正的恒星），在数量上相差不多。但失败者的结局注定是凄凉的，随着能量的散失，褐矮星将逐渐冷却，最终成为宇宙某个寒冷角落里最不起眼的一个致密碎块。

从尘埃中诞生，死后又归于尘埃，这便是恒星生命的轮回。但是，这个轮回却并不是简单的循环和一成不变的重复。在恒星灿烂的一生当中，核聚变反应不断将氢和氦加工成更重的元素，如碳、氧、镁、铁等。在它们死后化为灰烬时，这些重元素也随之分散到宇宙之中，成为下一代恒星的物质成分。一代又一代，随着不断地轮回，后代新恒星当中重元素的比例将会越来越高。就是这样，每一代恒星都拥有只属于它的特殊印记。

# 第三章

# 解开弯曲时空中的谜题

除了引力波方面的贡献外，基普·索恩在相对论天体物理、虫洞和时间机器以及黑洞物理方面做出了很多重要贡献，人们所熟知的科幻大片《星际穿越》就有他参与制作。

## 一、爱因斯坦的新宇宙

1900 年 4 月 27 日，英国皇家学会为迎接新世纪的来临，召开了一次庆祝会。席间，物理学巨擘开尔文勋爵发表了题为《笼罩在热和光的动力理论上的十九世纪之云》的著名演讲。当时，牛顿的力学完美地建立起来，从日常的苹果坠地到新行星的发现，都能够给出令人满意的答案；经过惠更斯、托马斯·扬等人的工作，波动光学也有卓越发展；电磁学方面，麦克斯韦和法拉第两位大师已使它日臻完善；就连热学，也由于开尔文勋爵等人的工作而发展起来了。很多物理学家都认为，那些基本的原理已经被发现，物理学很难再有突破性的进展了。所以，开尔文勋爵在演讲中豪迈地说：“物理学的大厦已经建成，未来的物理学家只需要做些修修补补的工作就行了。”但与此同时，他又敏锐地意识到，目前还有两个尚待解决的问题，令物理学家隐隐不安，或许会给物理学带来新的突破。因此，开尔文说出著名的预言："现在明朗的天空还有两朵乌云：一朵与黑体辐射有关，另一朵与迈克尔逊实验有关。"

后来的发展表明，乌云的背后藏着惊雷，物理学就因这两朵乌云而引发了一场革命。在当年年底，黑体辐射的乌云当中诞生了量子理论；而五年之后，迈克尔逊实验的乌云中则孕育了相对论，物理学从此进入了一个新的时代。阿尔伯特·爱因斯坦（Albert Einstein，1879 年 3 月 14 日—1955 年 4 月 18 日）是继牛顿之后的又一位科学巨人，在量子理论和相对论这两个领域都取得了卓尔不凡的成就，尤其是相对论，他对这个划时代理论有着不朽的开创之功。

1905 年，26 岁的爱因斯坦已经在伯尔尼发明专利局工作了数年之久。这份工作来之不易，在从苏黎世工业大学师范系毕业之后，他一度陷入困顿：留校任教的努力失败，经济拮据的同时又找不到工作，无奈之下，他甚至到处张贴广告要做小时制的物理老师或小提琴老师，最后几经辗转才在同窗好友格罗斯曼的帮助下进了专利局。事实是专利局的职位并没有委屈这位天才，就像他的朋友、数学大师希尔伯特所说："没有比专利局对爱因斯坦更适合的工作单位了！"这里的工作比较清闲，爱因斯坦除有时审查一些发明之外，有大把的时间可以从事科学研究。他把很多资料都摊放在桌子的抽屉中，一见领导不在便拉出来钻研，等到领导过来时就迅速把抽屉推进去。尽管后来曾多次被领导发现，但伯尔尼专利局的局长对这个爱思考的年轻人很是欣赏，并没有过多责怪。正是这里宽松的氛围和充裕的时间，使爱因斯坦实现了科学事业上的巨大飞跃。1905 年，后来被人们称为“爱因斯坦奇迹年”，这一年爱因斯坦共发表了 4 篇论文：第一篇涉及量子理论，提出了光电效应的合理解释；第二篇是用分子运动论解释了布朗运动；第三篇论文的名字叫《论运动物体的电动力学》，狭义相对论从此问世；第四篇提出了著名的质能方程 $E=mc^2$。这四篇论文，每一篇都意义重大，对物理学的发展都有重要影响，其中，第一篇解释光电效应的论文使爱因斯坦获得了 1921 年的诺贝尔物理学奖，为他带来了极大的荣誉。按理说，狭义相对论的创立是与前者相比毫不逊色的成果，但当时的诺贝尔奖评委却深感其理论的艰深和难以理解，对相对论的正确性仍十分怀疑，所以对爱因斯坦的这项贡献丝毫没有提及。的确，相对论与人们的固有观念存在着巨大差异，从中得到的许多结论都令人匪夷所思。

爱因斯坦狭义相对论建立在两个基础之上：一个是相对性原理，是说物理规律在所有的惯性参考系中都同样成立；另一个是光速不变原理，即光速在任何一个惯性系中都是同一个常数 $c$，与观测者相对于光源的运动速度无关。所谓惯性系，简单而言就是相对静止或做匀速直线运动的参考系。

看起来，光速不变原理明显地与我们的日常生活经验有所违背。设想这样一个场景：一列火车以 50m/s 的速度在高速行驶，假如坐在车上的某人拿出手枪向前开了一枪，子弹相对列车以 100m/s 的速度向前运动，那么此时站在路边观察的我们会看到，子弹将以 50+100=150m/s 的速度向前运动；现在条件发生改变，假如车上的人所持的并不是普通的枪支，而是一把激光枪，射出的激光相对列车以速度 $c$ 向前运动，那么此时站在路边的我们所看到的激光速度又是多少呢？根据光速不变原理，速度不会是叠加后的（$c$+100）m/s，而仍然是光速 $c$。天文学的实际观测也对这一原理提供了有力的支持。例如由恒星 A 与恒星 B 组成了一个双星系统，A 趋近于我们运动，而 B 背离我们运动。假如光速与光源的运动速度有关，能够发生叠加的话，那么这两颗星同时发出的光将会一前一后地到达我们眼中，我们对其进行观测时将会发现，我们看到的不是一个正常的椭圆，其形状发生了畸变。但事实是我们没有看到这种怪现象，我们观测到的仍是一个正常的椭圆。

爱因斯坦的狭义相对论从以上两条基本原理出发，得出了很多看起来难以置信的结论。一个静止时质量为 $m_0$ 的物体，当它以极快的速度 v 运动时，此时它的质量 $m$ 将会变得极大，公式为：

$$m=\frac{m_0}{\sqrt{1-\frac{v^2}{c^2}}}$$

从这个式子中可以看出，当物体运动的速度为光速的 10% 时，其质量为静止质量的 0.5%；当速度增加到光速的 90%，此时物体的质量已经比静止时的 2 倍还要多。此后随着物体的速度越接近光速，其质量上升得越来越快，当它几乎赶上光速时，物体的质量将会趋近于无限大。也正是这个原因，人类要将一艘宇宙飞船加速到接近光速是极其困难的，那时飞船的质量将会极大，没有燃料能够支持这样的航行。不单是飞船，即使是极其微小的粒子也要受到这种限制，它们的飞行速度绝无可能真正地超过光速，光速是宇宙中信息和能量传播速度的上限。除动质量外，狭义相对论给人们带来的“尺缩效应”和“钟慢效应”更加有趣。尺缩效应是说，运动的尺子相对于静止的尺子而言，长度会变得更短，公式为：

$$l=l_0\sqrt{1-\frac{v^2}{c^2}}$$

其中，$l$ 为观察者所测量到的高速运动中尺子的长度，$l_0$ 为静止情况下尺子的长度。

钟慢效应与此类似，意思是运动的时钟相对于静止的时钟，时间会走得更慢，公式为：

$$t=\frac{t_0}{\sqrt{1-\frac{v^2}{c^2}}}$$

其中，$t$为高速运动的时钟走过的时间，$t_0$为静止时钟走过的时间。从上面两个式子中可以看出，速度越大，尺缩效应和钟慢效应就越明显。人们在谈及狭义相对论的钟慢效应时，通常都会兴致勃勃地讨论起那著名的双生子佯谬。佯谬，意思是一个命题看上去错误，但实际上是正确的，它通常指人们由于自身对某种理论的认识存在缺陷，在基于这样一个理论的命题进行推证时，得出了一个和事实不相符合的结果。最早讨论双生子佯谬的是法国著名物理学家郎之万，其内容是：有一对双胞胎兄弟，哥哥乘坐一艘高速宇宙飞船前往外太空，飞行一段时间后回到地球，兄弟俩最终相见，哥哥依然年轻，但一直留在地球上的弟弟已经成了白发苍苍的老人了。这听来有些类似神话中所说的："天上一天，地上一年。"太奇妙了。现在有一个问题：在弟弟看来，做高速运动的人是离开地球的哥哥；可是若以哥哥为参照，运动的人却是地球上的弟弟，那么最后兄弟团聚时，地球上的弟弟为什么不能是更年轻的那一个呢？郎之万给出了解答，更年轻的人只能是哥哥，要点在于只有他曾真实地感受到了加速运动，这是区分真加速和假加速的关键。火箭从出发到回归这样一次旅行中，必然会经历加速的过程，哥哥曾参与其中，亲身地体验了惯性力在自己身上的作用，然而地球上的弟弟却始终不曾有过这样的经历。

据爱因斯坦后来的自述，狭义相对论的创立甚至可以追溯至他16岁时头脑中的一个思想实验。那时，爱因斯坦除了在数学方面显现出一些天赋外，总的来说平淡无奇，算不上成绩优异的“好学生”。糟糕的是，他还经常表现出对学校教育的巨大反感，因而最终被原来就读的慕尼黑一所重点中学劝退。退学后，为了能够继续考上理想中的苏黎世工业大学，爱因斯坦转到瑞士的阿劳州立中学上了一年的补习班。阿劳中学的教育模式与此前的学校非常不同，爱因斯坦在这里充分享受到了学习中的乐趣和自由，他有机会阅读更多的课外书，也能够自由地向老师提出各种刁钻的问题。就是在这段自由的日子中，他头脑中突然冒出了这样一个想法：假如我能够追上光，以光的速度与它一同前进，那么我会看到一种怎样的景象？大概能够看到一个不随时间变化的波场。可是谁也不曾见过这种状况，又是什么原因呢？从那时起，他开始意识到光相对于任何人都是运动的，不可能静止。与“追光实验”类似，十几年后，爱因斯坦在考虑引力问题时又进行了一个伟大的思想实验，最终引导他创立了广义相对论。

有一天，伯尔尼专利局的这位天才职员像往常一样坐在办公桌旁，他望着窗外的蓝天白云，心中却在思考着引力的问题。他想到，如果有一个人从楼上掉下来，他会是怎样的一种感觉呢？应该是失重的感觉。之后，他开始了更为深入的思想实验：假如有一个人进入了一个没有窗户的封闭电梯中，无法直接观察到外面的世界，这个电梯其实是稳定地停留在太空中的，电梯中的人此时处于失重状态。假设电梯中的人现在开始感到地板对自己的脚产生了压力，失重的感觉开始减弱。闷在电梯中的人会猜测，这究竟是什么原因呢？一种可能是，电梯现在可能接近了一个大质量天体，梯中人感受到了它的引力；另外一种可能是，电梯已经开始加速上升，梯中人感受到的作用力源于电梯在以同样的加速度使他加速。显然，梯中人在打开电梯门之前，他根本无法区分究竟是上述的哪一种情况。这个思想实验告诉爱因斯坦，引力场和加速的参考系是等效的，没有办法区分开来，这被称为“等效原理”。相比于狭义相对论，相对性原理被爱因斯坦进一步推广，成为广义相对性原理，不仅仅是惯性系，物理规律在所有的参考系中都一样，包括加速的参考系。

爱因斯坦注意到，物体的自由下落，不管它的质量、化学成分和物质结构，它下落的规律都是一致的。斜抛物体同样如此，只要它的初速度一样，不管这个物体是金球还是铁饼，它们在空中所划出的轨迹都是完全相同的。因此，爱因斯坦意识到，万有引力很有可能并不是一种力，而是一种几何效应。经历了这样思想上的巨大飞跃，爱因斯坦成功地将万有引力引入狭义相对论框架之中，建立了广义相对论。

历经十年之久，爱因斯坦终于在 1915 年得到了广义相对论的基本方程：

$$R_{\mu\nu}-\frac{1}{2}g_{\mu\nu}R=\frac{8\pi G}{c^4}T_{\mu\nu}$$

左边是时空曲率，右边是物质的能量动量，G 为万有引力常数，c 为真空中的光速。这是广义相对论最基本的方程，左边表示的是时空的弯曲，右边表示的是物质的存在。

对于广义相对论，著名物理学家约翰·惠勒有一句极为经典的概括：物质告诉时空如何弯曲，时空告诉物质如何运动。地球围绕着太阳转，按照牛顿力学的观点来看，这是因为地球受到太阳引力的作用。而爱因斯坦广义相对论则认为，太阳的巨大质量使其周围的时空发生了弯曲，并不存在所谓的“引力”，地球只是在弯曲的空间中自由地下落而已。就像一面弹性网，当我们在上面放置一个物体时，它便会因此而发生弯曲，物体质量越大，造成弹性网的弯曲程度也就越大。假如有一颗小圆球在弹性网上滚动，当它运动到物体附近时，行进的路线必然会向物体发生偏转。这并非引力的作用，而是物体造成了弹性网的弯曲，小球只是沿着弹性网在滚动而已。

广义相对论是爱因斯坦最为自豪的成就，他曾经说：“如果我不发现狭义相对论，5 年以内肯定会有人发现。如果我不发现广义

弯曲的时空

相对论，50 年内也不会有人发现它。”的确，在他 1905 年发表狭义相对论时，著名数学家庞加莱、电磁学家洛伦兹等人的工作也已经与最终得出狭义相对论相距不远了。但是广义相对论则大不相同，爱因斯坦以卓越的创见几乎以一己之力把广义相对论建立起来，其思想远远领先于同时代的其他科学家。爱因斯坦的步伐太快，当时绝大部分人都不能真正地理解广义相对论，总是对其充满怀疑。当年赞美牛顿的诗篇是这样的：

自然界与自然界的规律隐藏在黑暗之中，

上帝说：“让牛顿去吧！”

于是一切成为光明。

但现在，爱因斯坦的相对论让人们觉得糊里糊涂，于是有人便在这首诗的后面又添了两句：

但不久，魔鬼说："让爱因斯坦去吧！"

于是一切又回到黑暗中。

然而，这"黑暗"实际上没有持续得太久，著名的广义相对论三大实验验证有力地证明了它的正确性，使得越来越多的人接受、理解和支持广义相对论。

第一个实验验证是水星轨道近日点的进动。

根据牛顿的理论，行星围绕太阳运动应当是一个封闭的椭圆。但天文实测告诉我们，行星绕日运动实际上并不是封闭的椭圆，它会发生进动，近日点不断前移。由于离太阳越近的行星轨道进动就越明显，因此人们最先注意到的便是水星近日点的进动，据测量，其进动值为每百年移动 5600 角秒。研究者曾经考虑了各种因素，根据牛顿理论只能解释其中的 5557 角秒，剩余的 43 角秒却始终找不到答案。法国著名天文学家、海王星的发现者勒威耶最早对这个问题进行研究，他曾猜测，可能存在一颗离太阳更近的行星影响了水星的正常椭圆运动，就像此前笔尖下发现海王星一样，他希望通过计算把这颗新行星给找出来。但最终事与愿违，他预言的这颗行星其实并不存在。直到数十年之后，爱因斯坦依据广义相对论进行计算，其结果与万有引力定律有所差异，而这一差异刚好使水星的近日点每百年多移动 43 角秒，完美地解决了这个遗留的难题。

第二个实验验证是引力红移。

当你站在铁路附近时，如果一列鸣着汽笛的火车迎面向你开来，你会发现，笛声变得更尖锐，即频率增高（波长变短）；当火车是从你身旁飞驰而去的时候，你又会注意到，汽笛的声音变得更低沉，即频率降低（波长变长）。像这样的物体辐射的波长因为波源和观测者的相对运动而产生变化的现象称为“多普勒效应”，它最早是由奥地利物理学家多普勒（Christian Doppler，1803—1853）提出的。不仅是声波，所有的波动现象都存在多普勒效应。光波的多普勒效应表现为光谱线的移动：当光源正在远离我们时，光的频率将会变得更低，光谱向较红的一端移动，称为“红移”；当光源朝向我们靠近时，光的频率将会变得更高，光谱向较蓝的一端移动，称为“蓝移”。红移（或蓝移）的数值取决于光源与观察者之间的相对速度，相对速度越大，光谱的移动也越大。

除了多普勒效应之外，引力场也能够产生红移。我们知道，光是一种电磁波，频率越高，光子的能量也越大；频率越低，光子的能量越小。因此，当光子的能量降低时，光谱也会发生红移。一颗质量巨大的恒星放出光芒，光子在离开光源向外传播时，必然受到其周围引力场的作用，就好像从底层爬到楼顶一样，光子的引力势能变大了。作为代价，光子本身的能量降低了，它由于过度“劳累”而变红了，这就是引力红移。

对于引力红移，爱因斯坦广义相对论有一种不同的解释。质量巨大的恒星能够使周围的时空发生弯曲，时间在这里明显地膨胀了。爱因斯坦指出，由于时间膨胀，恒星上的光子的振动频率也要更慢，它的光谱也更红。科学家将太阳光的氢光谱与实验室的氢光谱进行对比，经过验证，爱因斯坦的这种解释与实际是相符合的。

第三个实验验证是光线偏折。根据爱因斯坦广义相对论，大质量的天体会造成较大程度的时空弯曲。在地球上的人看来，一颗恒星射来的光，如果途中没有大质量天体的干扰，它的轨迹应当是一条直线。假如光在传播途中遭遇了大质量天体的干扰，那么时空弯曲会使得光线发生偏折。根据牛顿万有引力定律，一个光子路过太阳附近，会在重力的影响下下落，光子的路径同样会发生弯曲。二者对此的解释不同，结果也不同，相对论所预言的偏转角是牛顿理论预言的偏转角的两倍。

1919 年，第一次世界大战刚刚结束，英国政府为了弥合与德国的裂痕，增进两国人民的友谊，特地拨出一笔经费用于资助一些能够增进两国友好的项目。爱丁顿教授成功地申请到了这笔经费，要用它来验证广义相对论所预言的光线偏折现象，他的理由是：广义相对论是德国人爱因斯坦提出来的，现在由我们英国人来进行验证，这样不就能够增进两国人民的友谊吗？

爱丁顿是最早理解爱因斯坦相对论的寥寥数人之一，当年有记者采访他时曾说：“您是世界上仅有的理解相对论的三个人之一。”爱丁顿听后沉默良久，接着说：“我在想，那第三个人是谁？”为了观测太阳附近的光线偏折，爱丁顿亲自带队远赴西非的普林西比，赶在日全食的时候进行观测，避免了太阳强光的干扰。与此同时，爱丁顿又让助手另外带了一个观测组前往巴西，尽管中间经历了许多曲折，但终究还是获得了不错的观测结果。最终他们两个小组测得的偏转角与广义相对论的预言一致，爱丁顿在报告中写道：“根据牛顿的理论，偏转角是 0.875 弧秒；根据爱因斯坦的理论，偏转角是 1.75 弧秒。两个组观测到的偏转角分别是 1.61 弧秒和 1.98 弧秒，实验观测支持了爱因斯坦的广义相对论。”这次实验在当时引起了很大的轰动，就从那时起，相对论得到了越来越多的人的认可。

## 二、黑洞

有关黑洞的思考，最早甚至能够追溯到200多年前牛顿经典力学时代。根据万有引力定律，一个运动物体若要摆脱它所在星球的引力束缚而逃到宇宙空间中，它的速度必须足够大才行。我们知道，我们奋力向远方扔出一块石子，石子在空中飞行一段距离之后很快就会由于地球的引力又落回到地面上。可是假如有人的力气足够大，超过地球上的逃逸速度，被扔出的石子便能够摆脱引力的束缚，离开地球表面，一直飞向太空。不同星球的逃逸速度也不相同，星球的质量越大，克服引力所需的逃逸速度也就越大，地球逃逸速度为11.2km/s，而月球只要2.4km/s，这也就是为什么宇宙飞船离开月球要比离开地球容易得多。同样的道理，中子星表面的物体若要逃离可就极为困难了，可能要达到$10^5$km/s才行。18世纪英国地质学家约翰·米歇尔和法国数学家、物理学家拉普拉斯考虑过这样一个问题：如果宇宙中存在这样一个天体，它的质量足够大，它的逃逸速度将会超过光速，即使是光粒子都会被这个天体的引力紧紧束缚而无法逃脱，这样一来外部的观察者将永远不能看到这个天体，它将成为一个彻头彻尾的“暗星”。根据牛顿的经典力学理论，拉普拉斯推导出暗星的半径：

$$r=\frac{2GM}{c^2}$$

其中，$G$ 为万有引力常数，$c$ 为光速，$M$ 为天体的质量。由于式子中 $G$ 和 $c$ 都是常数，所以可以很直观地看到暗星半径与质量的关系：

$$r \approx 1.48 \times 10^{-27} M$$

举例来讲，太阳的质量为 $2 \times 10^{30}$kg，假如能够最终形成这种暗星的话，它的半径将只有不到 3km。在这 3km 之内，光子无法逃脱，一切归于黑暗。假如地球质量大小的天体形成暗星，其半径将只有不到 1cm，还不及乒乓球大；如果月球质量大小的天体形成暗星，其大小则只相当于一粒细沙。拉普拉斯最初将这些理论写在他的《宇宙系统》一书中，显然那时他的计算是基于牛顿的光粒子说，认为光是一种粒子。1801 年，著名的扬氏双缝实验证明了光是一种波，牛顿的光粒子说不再受到人们欢迎。这样一来，拉普拉斯就陷入了一个尴尬的局面，于是在《宇宙系统》的第三次出版时，他便将有关“暗星”的那部分内容悄悄地删去了，大约是觉得这些内容还是不提为妙。

20 世纪时，爱因斯坦解释了光电效应，他告诉人们，光既是一种波，同时又是一种粒子，它具有波粒二象性。从这个角度讲，拉普拉斯如果泉下有知，似乎可以考虑在新版《宇宙系统》中再把暗星的内容重新加上了。不过，他在计算暗星问题时，所用的仍是牛顿万有引力定律而不是爱因斯坦广义相对论。万有引力定律可以看作是爱因斯坦广义相对论在弱引力场中的近似，因此，在涉及暗星这种强引力场问题时，牛顿力学已经很难适用了。今天看来，拉普拉斯的计算过程存在两个错误，但有趣的是，他所得到的最终结果却是正确的，因为那两个错误最终恰好互相抵消了！

第一个用相对论算出黑洞半径的人是德国天文学家、物理学家卡尔·史瓦西（Karl Schwarzschild，1873—1916）。当时正值第一次世界大战，史瓦西身在俄国前线服兵役。利用战争的间隙，史瓦西仍在进行着他的科学研究，并曾将两篇论文寄给了爱因斯坦，只是尚未来得及见到成果的发表，他便因一场突如其来的疾病英年早逝。史瓦西考虑一种最简单的情况，即真空中一个质量为 m 的球对称天体，最终求出了爱因斯坦广义相对论引力场方程的第一个精确解，称为“史瓦西度规”。根据史瓦西的计算，有两个地方具有很特殊的意义，一个是黑洞的中心 r=0 时，称为奇点；另一个是黑洞的表面$r=\frac{2GM}{c^2}$时，称为视界。

奇点是一个数学用语，意思是，当 r=0 时，史瓦西度规出现无穷大。天文学意义是，奇点是大质量恒星坍缩到最后的一个点，密度和时空曲率无穷大。它十分特殊，没有人真正地了解它，我们尚无法准确描述和理解这样一个点，现有的物理理论在这里是失效的。奇点是打破规则的地方，也许像一些学者或科幻作家猜测的那样，这里真的是一个上演奇迹的地方，甚至是进入其他宇宙的通道或者是时间旅行的入口，但仅仅都是一些猜想。我们对此一无所知，现有的物理理论既不能肯定，也无法否定。视界是指外部观测者所能看到或得到信息的区域边界，又称“事件视界”。在黑洞视界之内所发生的一切，外界都无从得知，无论是光还是其他的信息都无法从中逃脱出来，对外部的观测者来说，视界之内便是永远的“漆黑一片”。

一直以来，由于它的神秘，黑洞很频繁地出现于各类科幻作品当中，宇航员探索黑洞时的种种奇遇经历被精彩地刻画出来，动人心弦。那么，一个宇航员是否真的能够接近黑洞甚至进入黑洞视界之内呢？事实上，远在进入黑洞之前，他就已经面临生命危险了。我们知道，地球表面海洋的潮涨潮落主要是由于月球对地球的引力不均匀而形成的，正对着月亮处所受到的月球引力比其他位置更大，因此水流便会向此处聚集而发生涨潮。出于这个原因，人们将形成这种类似效应的引力差异统称为潮汐力。实际上人站在地球上也时时刻刻都在受到潮汐力的作用，根据万有引力定律，距离越短，所受到的引力越大，所以地球施加在我们脚部的引力要比头顶处更大。只不过这种差异非常之小，我们几乎完全感受不到潮汐力对我们的影响。但是，当一个人运动到黑洞附近时，那就必须另当别论了。在黑洞这样的大质量天体附近，身体下部与身体上部引力差异十分巨大，探险者的身体将会像面条一样被潮汐力拉得又细又长，最后被撕裂成很多碎片而毁灭。

假如这位黑洞探险者真的有金刚不坏之身，得以一步步靠近表面的话，那么在远处观察他的同伴将会有幸看到一番奇异的现象。同伴会惊讶地发现，随着探险者与黑洞的一步步接近，他的步伐越来越慢，那里发生的一切好像成了慢放的录像带。根据爱因斯坦广义相对论，质量越大，其周围时空的弯曲程度也越大，因此随着与黑洞表面越来越接近，时间也膨胀得越来越厉害。终于，在探险者迈出最后一步到达黑洞表面的一刹那，一切戛然而止！他好似被固定在了黑洞的表面，抬起的腿在迈出最后一步时却永远地悬停在空中。慢放的录像带在那一刻被突然按下了暂停键，时间在这里冻结，他的同伴将不会看到他最终进入黑洞。伴随这个过程的还有引力红移现象的发生，如果探险者身上背着一个特殊的探照灯，在出发时发出固定频率的紫光，那么接下来他的同伴将会看到光芒逐渐变为绿色、橙色、红色，之后由可见光变为红外线、无线电波，波长越来越长，光子的能量越来越低，同伴很快就无法再看到灯光。在探险者进入黑洞的那个瞬间，光子的能量消耗殆尽，即使用射电望远镜也不能收到任何信号。在目送探险者一步步走向黑暗深渊的过程中，他的同伴对眼前发生的种种异象必定是大为吃惊的。但是对于探险者本人来说，他却没有发现什么异样，他看到自己携带的探照灯光的颜色并没有改变，手上的钟表仍是同往常一样“嘀嗒嘀嗒”地走着。在他的参考系中，一切都是正常的，最终，他很顺利地踏入了黑洞。

探险者进入黑洞视界之内，他又会经历什么呢？这是一个与他过往经验完全不同的新世界，这里的空间变成了时间，而时间变成了空间。人在黑洞，身不由己，他从此无法驻足，将一直不停地向着奇点奔去。奇点是时间的终点，最终，探险者将处于时间之外，在那里他也许避免不了毁灭，也许会进入一个新的世界，总之，有关那个地方的一切目前对于我们来说都是未知的。

黑洞是最具有广泛知名度的天体之一，这一方面由于它颇为神秘，很能引起大众的兴趣；另一方面则直接得益于它极为形象和生动的好名字，“黑洞”一词与它的实际性质十分贴合，人们一听便能够轻松记住。最早提出“黑洞”这个名字的是美国著名物理学家约翰·惠勒。惠勒头脑灵活，思维敏锐，往往有与众不同的见解，新奇的想法层出不穷。他为人幽默风趣，在为黑洞命名之后还曾提出令人印象深刻的“黑洞无毛定理”。这个定理是对黑洞性质的简单概括，即：无论什么样的天体，一旦坍缩成为黑洞，那么它就只剩下电荷、质量和角动量三个最基本的性质。质量决定了黑洞的视界；角动量是旋转黑洞的特征，在其周围空间产生涡旋；电荷在黑洞周围发射出电力线，以上三个物理量确定了黑洞的性质。人们往往也称之为“黑洞三毛定理”：虽说星体坍缩成黑洞之后形状、大小、磁场分布、物质成分等诸多性质都已失去，但毕竟还是留下了质量、角动量、电荷这仅有的“三根毛”。经典的黑洞理论认为，这“三根毛”是我们有关黑洞仅知的三个信息，除此之外一片黑暗。不过在后来，英国著名物理学家史蒂芬·霍金改变了这种看法，他说：“黑洞并不是这么黑的，它们像热体一样发热发光。”

霍金的人生是一部真实的传奇。

早在少年时代，霍金便被同学们视为一个天才，给他起了一个绰号叫“爱因斯坦”。他后来考上了牛津大学，在此度过了三年的本科时光。霍金的所作所为与人们心目中“天才”的印象是十分一致的。据霍金后来回忆，他本科三年总计学习时间仅有 1000 小时，平均每天尚不足一小时。当时正值牛津大学进行教学改革，上课时间较少，学生自主的时间较多。教电磁学的伯曼教授简要谈到了第十章内容之后，就要求学生们课下自己研究，并在两周之后完成 13 道作业题。这 13 道题难度很大，霍金的同学整天研究也不过解出半道或者一道。而霍金呢，早将这些抛诸脑后，依然逍遥自在，玩得不亦乐乎，直到交作业的前一天才猛然想起，匆匆忙忙地计算起来。第二天大家都按时去上课，只有霍金继续窝在宿舍里逃课看科幻小说。中午回来后，同学们问他作业完成得怎么样了，霍金回答说："我的时间不够，只解出了前面 10 道题……"众舍友听闻，目瞪口呆。在大学毕业的时候，霍金想要继续读研究生，由于笔试的成绩不够理想，所以接下来的口试就显得格外重要了。口试时，主考老师问他："你是想留在牛津还是去剑桥？"霍金回答："你们如果给我一等成绩我就前往剑桥，如果给我二等成绩我就留在牛津。"老师们对这个向来散漫的学生并没有什么好印象，最后便给了霍金一等成绩，顺利地把他打发走了。

早在本科毕业之前，霍金就发觉自己的身体有些异常，有一次在系鞋带的时候，他突然发现自己的手指有些不灵便。后来这种情况越发严重，他的双手明显不听使唤，双腿甚至在走路时都无法保持直线。霍金不得不前往医院检查，被诊断出患有非常罕见的肌萎缩性脊髓侧索硬化症（又称"渐冻症"，近年由于"冰桶挑战"才渐渐为人们所了解），医生预计霍金的生命仅剩下两年。年轻的霍金在此时遭受到巨大的打击，他当时刚过 21 岁生日不久，却被死亡的恐怖阴影所笼罩。他陷入了深深的抑郁之中，万念俱灰，整日闷在屋子里借酒浇愁。在这个时候，霍金的女友简·王尔德不离不弃，给予此时的霍金以极大的安慰，激起他重新面对生活的勇气，并最终克服重重阻力于 1965 年与霍金完婚。霍金意识到自己尽管所剩的时日不多，但仍足以做出一些不可磨灭的成就，同时，婚姻带来的责任感也迫使他必须努力地工作和研究，不可以再漫不经心地度日。这次生病成为霍金一生中最重要的转折点，他后来回忆说："这是我这辈子头一次去努力，没想到我还挺喜欢这种感觉。"

霍金 30 岁的时候，他用微分几何证明了面积定理，即黑洞的表面积只会增加而不会减少。这种描述听起来很容易让人联想到热力学中的"熵"。熵是描述系统混乱度的量，系统越无序，它的熵就越高。举例来说，在火柴盒中整齐排列的火柴，熵较低，如果它掉在地上抛撒得横七竖八，那么它们的熵就较高；凝结成各种六角形图案的雪花，熵较低，水杯中随意聚集在一起的水分子，熵较高。热力学中的"熵增定律"指出，一个孤立系统的熵只会增加而不会减少——这与霍金的面积定理相比只有几个字的改动。当时美国的一位研究生雅各布·贝肯斯坦由此产生一个大胆的猜想：可以用黑洞的表面积来量度黑洞的熵！贝肯斯坦的导师正是提出"黑洞无毛定理"的惠勒，他在听闻学生的想法之后，不仅没有反对，反而给予了很大的支持。经过研究，贝肯斯坦得到了一个形式上与热力学第一定律非常相仿的公式，建立了黑洞熵的概念。

既然黑洞具有熵，那么它就应当同时具有温度，那么顺理成章地，黑洞也应当具有热辐射，即使它的温度再低。起初，霍金在了解贝肯斯坦的理论后很不以为然，觉得他对面积定理存在某些误解。在当时天文学家的固有观念中，黑洞是一个吞噬一切的怪物，什么也不可能从中逃脱出来，怎么可能有辐射呢？可是后来霍金又转念一想：会不会贝肯斯坦的说法是正确的，黑洞真的有温度、真的存在热辐射？于是霍金开始往这个方向努力，经过半年多的计算，他于 1974 年严格证明出黑洞确实具有热辐射。这项工作是霍金一生中最卓越的成就，为纪念他的功绩，人们称黑洞热辐射为“霍金辐射”。霍金辐射产生的物理机制是黑洞视界周围时空中的真空量子涨落。在平直的时空中，真空是不空的，不断有虚的正反粒子对产生，随即互相湮灭，之后又产生，又湮灭，这被称为真空涨落。如果涨落发生在黑洞视界周围，那么将可能有下面三种情况发生：第一种是一对粒子都掉入黑洞；第二种是一对粒子都飞离视界，最后在外面互相湮灭；第三种是带负能的粒子掉入了黑洞，正能粒子逃了出来。由于黑洞外边的时空不允许负能粒子单独存在，只有黑洞视界之内才允许负能粒子单独存在，正能粒子如果掉进黑洞，负能粒子必然跟着掉进去，所以不会有正能粒子掉进去、负能粒子逃出来的情况发生。根据霍金的论证，前两种情况都没有特殊效应产生，只有第三种情况，黑洞会产生量子辐射效应，且射出粒子的能谱符合普朗克黑体辐射谱，黑洞实实在在地产生了热辐射。

霍金的理论，向我们暗示出了黑洞的最后结局。霍金证明，黑洞的温度与质量成反比，因此随着霍金辐射的不断进行，辐射出的粒子越来越多，黑洞的质量变得越来越小，与之对应的，黑洞的温度却在不断攀升，这样一来，它与外界的温差就会不断加大，促使它更为剧烈地向外辐射。可以想象，这个过程将进行得越来越迅猛，最后黑洞将会发生爆炸而消失。

黑洞的这种结局给人们带来了一个很大的疑难，这就是所谓的“信息丢失悖论”。我们知道，黑洞是天体不断坍缩而形成的，可以吞掉一切落入其中的物体，连骨头都不吐，外界从此便失去了它们的信息。但是，这些信息并没有从宇宙中彻底地消失，而是被紧紧关在了黑洞的内部。现在问题是，当黑洞最后由于霍金辐射而“蒸发”掉了，那么原来被困在黑洞中的信息也就找不到了，难道它们彻底从宇宙中丢失了吗？根据量子力学理论，宇宙中信息是守恒的，而现在人们却看到信息莫名地消失了，这无疑是一个很大的问题。人们也曾猜想，也许那些信息跟随霍金辐射偷偷地溜走了，可问题是，霍金辐射是一种热辐射，它几乎是不会携带任何信息的。总之，直到现在，科学家们一直都在对这个问题争论不休，我们现在尚不能得到一个准确的答案。

霍金辐射的发现，使得引力、量子力学和热力学统一在一起，具有极其基本的意义，凭借这项了不起的成就，他当年的导师西阿玛就评价说：“霍金毫无疑问是20世纪最伟大的物理学家之一。”除了霍金辐射外，与彭罗斯合作证明了奇点定理、证明面积定理以及后来所提出的虚时间和无边界宇宙等，也都是霍金一生中很重要的科学贡献。霍金饱受疾病的折磨，肢体日渐枯萎，生命中的大部分岁月都是在轮椅上度过的，即便如此，他的灵魂也从未屈服。他曾经引用一句莎士比亚的名言自剖心迹，那句话是这么说的：“即使被关在果壳之中，我仍认为自己是无限宇宙之王！”霍金出生于伽利略逝世300周年纪念日，去世于爱因斯坦139周年诞辰，死后被埋葬在英国西敏寺牛顿墓旁。从1942年到2018年，霍金享年76岁，比当初医生的预言多活53年。

前面我们探讨了有关黑洞的种种性质，这些都从数学推导而来，宇宙中是否能够真的找到这样的天体呢？能，但并不容易。霍金曾有一句笑谈，他说，在宇宙中寻找黑洞就好似在煤库中寻找黑猫。天文学中发现一个天体，最常见的方法是用光学望远镜直接观测或用射电望远镜接收无线电信号。对于黑洞，很明显这种手段是行不通的，它能够吸收一切，却不肯吐露出一点消息。而且，大多数黑洞的体积非常小，一个10倍太阳质量的恒星，坍缩成黑洞后直径只有大约30km。这样小的物体如果在太阳系的边疆，我们从地球上对它进行观测，就好比观测月球上的一粒细沙。可见，用通常的手段寻找是无效的。一个可行的办法是观察它对其他可见物体的影响，从而反推出它的所在。双星系统尤其适合这种办法，如果是一颗明亮恒星与一个黑洞（或中子星）组成的双星系统的话，黑洞的强大引力会从其伴星捕获大量气体而形成吸积盘，并将盘中气体加热至高温而发射出大量X射线。这样，通过寻找强大的X射线源便能够查出黑洞的行踪。用这种方法找到的第一个黑洞是天鹅座X-1，当年史蒂芬·霍金曾为此与物理学家基普·索恩打赌，霍金在此以前认为这不是黑洞，而索恩坚称它必定是黑洞。霍金的赌运一直都不是很好，最后他认输，并按照事先的约定为对方订购了一年的杂志。打赌虽然输了，霍金的心情却是格外好，他花了大量精力研究黑洞，如果最后发现这种天体是不存在的，那么他的心血就都付之东流了；为此，他才故意打赌天鹅座X-1不是黑洞，这样一来，如果黑洞真的不存在，他还能得到一些赔偿作为对自己的小安慰……

对了，这位和霍金打赌的物理学家基普·索恩在2017年获得了诺贝尔物理学奖。获奖理由是什么呢？发现了引力波。我们在下面的内容中将会详细介绍。

## 三、寻找时空的涟漪——引力波探测

2016年2月11日，美国激光干涉引力波天文台（Laser Interferometer Gravitational-Wave Observatory，LIGO）和美国国家科学基金会联合召开新闻发布会，向全世界宣布于2015年9月14日人类第一次直接探测到了引力波，其波源来自13亿光年之外的遥远宇宙空间，由两个黑洞碰撞并合所引发，这显然是在宇宙尺度上对爱因斯坦广义相对论进行检测与判断的一个重要实验……一时之间，这则消息很快成为各大科技新闻的头条，整个科学界都为此兴奋不已。与此同时，这则消息同样赢得了公众的瞩目，引力波很快成为各大社交网站、论坛中的一个热门话题。什么是引力波？它为何能够带来如此巨大的轰动？

一言以蔽之，引力波就是时空的涟漪。前面我们在介绍爱因斯坦坦广义相对论时，曾引用过惠勒的一句名言 :“物质告诉时空如何弯曲，时空告诉物质如何运动。”由此可知，当物质质量分布发生改变时，必然就会带来周围时空的振动，这种振动以光速向外传播开来，此时便形成了引力波。当一颗石子投入到平静的湖中时，原来平静的水面便会荡起一阵涟漪。同样的道理，我们常把时空比作一大片无限扩展的弹性网格，试想一下，当网格上面有一只很重的铅球突然滚动时，网格的形状不是也会发生改变并产生一阵阵剧烈的振荡吗？

引力波，从 1916 年爱因斯坦广义相对论预言它的存在，到 2015 年首次直接探测到它，前后整整经历了 100 年，百年之中，历尽曲折。甚至，连爱因斯坦本人也曾一度对自己的这个预言反复动摇，不敢确信。1936 年，他曾与自己的助手美国物理学家罗森合作完成一篇标题为《引力波存在吗？》的论文寄给了美国著名的学术刊物《物理评论》，文中表达了他最新研究的结论，他说 :“引力波其实并不存在。”不过，出乎爱因斯坦意料的是，这篇文章竟然惨遭退稿了！编辑写信告诉爱因斯坦，有审稿人指出他的论证过程存在错误，因此希望他给出解释。爱因斯坦阅后极为不快，他回复说 :“我们将手稿寄给你是意在发表，而不是授权你在付印之前呈视给专家。我看不出有什么理由回应你那匿名专家的——且还是错误的——评论。有鉴于此事，我宁愿将论文发表到别处。”作为惩罚，爱因斯坦此后再没有同《物理评论》打过交道，他将这篇论文转投向另外一份期刊。就在即将付印之前，经过友人、物理学家罗伯逊的帮助，他才注意到自己原来的的确确是犯了一个不小的错误，于是赶忙又将已寄出的论文追讨回来。这一次，他进行了大幅度的修改，重新确认了引力波的存在，标题也变成了更具肯定语气的《论引力波》。爱因斯坦的态度尚且如此，其他物理学家对于引力波的怀疑也就更不必说了。在 20 世纪 50 年代左右，有关引力波的讨论令物理学家们头疼不已，人们各执己见，莫衷一是。由于都没有足够的证据去说服他人，这就导致了每次的学术会议一旦沾上引力波的话题便要陷入无休止的争论之中。当时的一位物理学家甚至写信对家人说："在这里，关于引力波的话题不可避免地令我的血压升高了……"

直到 20 世纪 70 年代，科学家才对引力波的存在有了真正的信心。1974 年，马萨诸塞大学的天文学家约瑟夫·泰勒和他的学生拉塞尔·赫尔斯发现了一个不寻常的脉冲双星系统。持续的观测表明，赫尔斯 – 泰勒双星的运动轨道正在逐渐减小，彼此越来越靠近，轨道周期也越来越短。造成轨道变化的原因在哪里呢？他们想到了引力波。假如引力波确切存在的话，那么像这样的两个大质量天体互相绕转，其产生的引力波会将它们的动能和势能很大一部分转化为热能，不像以前那样具有"活力"，从而造成双星轨道的变化。著名物理学家费曼曾这样解释这个过程：假设有一个珠子穿在一根柱子上，并且可以自由移动，当引力波垂直于柱子方向经过时，将会引起柱子周围时空的振荡。在这种情况下，串珠将会相对柱子运动，运动造成了摩擦，最终有热能产生。引力波辐射能量的原理大抵如此。经过了长达 4 年的跟踪观测，赫尔斯和泰勒最终证明，双星轨道变化的速度与广义相对论所预言的引力波造成的轨道变化效应十分吻合。用这种方式，赫尔斯和泰勒间接地证明了引力波的存在，并因此荣获 1993 年的诺贝尔物理学奖。

有什么办法能够直接地探测到引力波呢？不得不说，这是一件极为困难的事情。不妨先举几个例子。根据前面的内容可以知道，地球围绕太阳公转的过程中也在持续不断地有引力波辐射产生，只不过由于系统的质量“太小”了，其辐射功率也非常小，总共只有 200W 左右，与日常所用的家用电器功率差不多。木星质量比地球大，所以它环绕太阳运行放射出的引力波辐射的功率也要大一些，约为 5000W——可以与某些高耗能、不环保的电器相比了。至于月球环绕地球所产生的引力辐射就更小了，只有几微瓦而已，与一只电子表的功率差不多。要知道，在自然界已知的四种相互作用（强力、弱力、电磁力和万有引力）中，引力是最弱的一种，同样功率的辐射，引力辐射远远比电磁辐射要更难探测得到。

第一个敢于向这个困难发起挑战的是美国物理学家约瑟夫·韦

伯。韦伯1919年出生于新泽西州，于1940年毕业于美国海军学院，专业是工程学。当时正值第二次世界大战，韦伯顺利成为一名海军士兵，在“列克星敦号”航母上服役。此后他曾数次死里逃生，先是幸运地躲过了珍珠港突袭，后来在珊瑚海大战中又从沉没的航母中被解救出来。退役后，韦伯走上学术道路，拿到了工程学博士学位并成为马里兰大学的一名教授。后来，由于对爱因斯坦相对论的浓厚兴趣，他前往普林斯顿高等研究院，跟随广义相对论权威惠勒学习理论物理。就从那时，他第一次萌生了探测引力波的想法。韦伯说“如果你能建造电磁天线来接收电磁波，你或许也能建造引力波天线来接收引力波”。他是这么说的，也的确是这么做的。韦伯用来探测引力波的“天线”，是一个实心铝质大圆柱，为了避免振动时的能量损失，通常用细丝悬挂起来，人们称它为“韦伯棒”。韦伯棒长2m，直径1m，质量高达1t。韦伯的设想是，当引力波经过韦伯棒时，必然会使得这个大圆柱在不同的方向上不断地拉伸和压缩，从而在圆柱体内产生微小的压力。这时，安装在圆柱体周围的精密的压电传感器就能够感知到压力的变化，将其转换成电信号后通过电子线路放大后输出，这样就得到了相应的引力波图像。经过计算，韦伯棒自身的特征频率大约为500～1500Hz，假如引力波的频率与之恰好一致，那么它还将引起共振，使得本来相当微弱的压缩和拉伸变得更为明显，从而能够被检测出来。

1969 年，韦伯发表论文宣称他探测到了引力波信号，立刻引起了巨大的轰动。一时之间，韦伯成为所在领域最受追捧的学者，受邀到各地演讲、做报告，一大批青年物理学家都成为他的粉丝，其中就包括后来的诺贝尔奖得主基普·索恩。数年之内，许多科学家都沿着韦伯走过的足迹，在韦伯棒的基础上造出了类似的引力波探测“天线”。这些最新款的探测器不少都采用了多种更为先进、复杂的技术，精度更高，噪声更小，性能比最初始的韦伯棒明显更为优越。他们试图重复韦伯的实验，探测到更多的引力波事件，但令人费解的是，经过数年的苦苦探寻，到头来他们仍然是一无所获。会不会是韦伯搞错了？质疑的声音渐渐超过了赞誉，人们要求韦伯对他的探测数据进行解释。在各种学术会议上，韦伯由于无法自圆其说，曾多次陷入尴尬。有一次，韦伯公布了他获得的最新数据，并表示这与另一实验组同时接收到的信号是一致的，这说明自己的实验结果是具有说服力的。但极其糟糕的是，人们惊讶地发现，韦伯所用的是美国东部时间，另一个实验组却是用的格林尼治时间，彼此相差好几个小时的数据被韦伯当成同一时区的数据进行比较，居然还搞出了一大批同步信号！类似的事件令韦伯的学术声望急剧下坠，学者们纷纷表示对其实验结果的不信任，韦伯棒探测引力波看来是行不通了。

韦伯的探索尽管失败，但是他多年以来在引力波探测领域的那份执着和努力还是鼓舞了无数后来者。除了韦伯棒，探测引力波还有没有其他更好的手段？我们知道，当引力波经过时，物体在它的作用下一会儿变得又矮又胖，一会儿变得又高又瘦。假如在这个物体旁边，放置一个尺子去量出它形态发生的变化，不就可以证明出引力波的存在了吗？道理是不错，可问题在于，世界上根本没有这样的一把合格的尺子。当引力波传来时，尺子本身也会发生形变，又怎么能够再用它作为标准来衡量呢？后来科学家们想到，根据光速不变原理，当引力波经过时，尽管时空发生了改变，但光速是不发生改变的，所以，光可以作为一把真正标准的“尺子”。根据这种思考，科学家设计出了探测引力波的一种新型探测器——激光干涉仪。激光干涉仪的基本原理为：将光源发射的激光分成相互垂直的两路，分别沿两条长臂运动并经历反射，最终两路激光重新会合并形成干涉（光的干涉，指的是两列或两列以上的光波在空间中相遇时发生叠加从而形成新光波形的现象。简单来讲，如果两列波是波峰对波峰、波谷对波谷地进行叠加，那就会形成更高的波峰和更矮的波谷；如果是波峰对波谷、波谷对波峰地进行叠加，那就会互相抵消）。在正常的情况下，光束不会发生变化，分别沿着两个长臂返回，光波彼此抵消。倘若干涉臂受到了引力波的影响，造成了臂中时空的改变，那么两个干涉臂中的光束传播的距离将会不相同，这样便会看到一个不同干涉图像。

这次成功发现引力波的激光引力波天文台（LIGO），实际上就是无比精密的激光干涉仪，其长度测量的精度达到了 $10^{-18}$m，相当于原子核尺度的千分之一。为了达到这样的精度，设计者想了很多办法，在很多方面都是当下科技最高水平的体现。我们知道，干涉仪的探测灵敏度与干涉臂的长度直接相关，干涉臂越长，受到引力波的影响就越大，探测灵敏度也就越高。为此，LIGO 构筑了史无前例的长达 4000m 的巨型干涉臂，从高处俯视，只见两条笔直的长臂远远地延伸，在视觉上真是不小的震撼。这样的长度并不能让研究者就此满意，他们采用重复反射技术，又让这两束激光在长臂中往复折返跑了 280 次之多，这相当于将干涉臂延长了 280 倍。为了保证激光能够顺利地完成这样遥远的“长跑任务”，必须达到这样几个条件：激光的功率必须十分强大且高度稳定，充沛、持久的体力是完成长跑的首要条件；重复反射激光的镜面必须超洁净、超高反射率，激光能量不能在反射的过程中耗散太多；干涉臂要求全部安置在真空腔之内，确保激光在真空中传播，毕竟在平整、干净的赛道上参加长跑要比泥泞、坎坷的路面上轻松得多。为了满足上述条件，LIGO 通过功率倍增器将激光功率提高到 750kw，采用纯二氧化硅打造的反射镜片，每 300 万个光子入射，只有一个会被吸收。尤其要说的是，科学家又特意为激光臂建造了巨型的真空腔，其总体积将近 1 万立方米，在地球上仅次于 LHC（欧洲的大型强子对撞机），工作人员花了数十天的时间抽走其中的空气，使得最终腔内气压仅为万亿分之一个大气压。除了上面所述的诸多措施外，LIGO 在减震、加固等多方面也下足了功夫，整个工程之庞大、严密令人叹为观止。

LIGO 始建于 1994 年，此后经过数次升级，灵敏度不断提高。最重要的一次升级是在 2014 年 3 月，经过长时间的调试，LIGO 一切准备就绪，静待引力波的佳音。果然，在 2015 年 9 月 14 日，格林尼治标准时间 9 时 50 分 45 秒，LIGO 位于美国利文斯顿与汉福德的两台探测器观测到了引力波！经过分析，这次事件的引力波波源是遥远宇宙空间的双黑洞系统，其中一个重达 36 倍太阳质量，另一个重达 29 倍太阳质量。这两个质量巨大的天体持续地绕转，引力波辐射不断地带走能量，双黑洞轨道渐渐缩小，两个天体之间的距离越来越近，越来越近。终于在最后一刻，它们直接猛烈地撞在了一起，合并成为一个 62 倍太阳质量的更为巨大的黑洞。36 加上 29 等于 65，而不是 62，在两个黑洞相撞的那一刻，有 3 个太阳质量转化成了无比巨大的能量释放到太空中，它的峰值功率甚至比可观测宇宙的所有星系的光度的总和的 10 倍还要多！实际上，这次惊天动地的大事件是发生在 13 亿年前的，也就是说，融合的双黑洞距离我们 13 亿光年之遥。13 万张纸叠起来有 3 层楼高，13 亿张纸叠起来有珠穆朗玛峰高度的10倍；光速是每秒30万千米，一光年是光在一年中行走的距离，问一问自己："13亿光年有多遥远？"这真的是不可想象的距离。若非这样巨大的能量辐射，远在13亿光年之外的我们根本没有可能探知到这次剧变所发出的引力波。

2017年8月17日，又一则爆炸新闻令天文学界沸腾，依然是关于引力波的探测，只不过主角变成了两颗中子星。算上2015年人类首次探测到引力波，两年之内，LIGO团队总共已经6次发现引力波。按理说，天文学家们似乎应该对这样的消息逐渐失去兴趣。但是，这次事件的意义非同寻常，因为它不光可以"听到"，而且能够真切地"看到"。起初，天文学家对宇宙的探索不过是用眼睛去看，后来发明了望远镜，他们可以看得更远。20世纪60年代之后，射电天文学勃然兴起，紧接着人们又发明了红外望远镜、X射线望远镜等，由此进入了全波天文学时代。但终归说来，天文学的研究一直以来仍是在电磁波的圈子内打转转，始终没有超脱出去，始终都是用各种各样的"眼"在"看"。如今，人类成功地探测到引力波，这就为天文学的研究打开了另外一扇大门，引力波天文学的时代很快就将来临。人的听觉源于对空气分子密度的周期性伸缩的感知，从这个角度讲，它与探测引力波的原理有相似之处。因此，探测引力波就常常被说成是倾听来自宇宙的声音。此前的引力波事件的主角都是黑洞，双黑洞的并合尽管释放的能量巨大，但由于这个过程没有电磁波产生，因此此类事件可以说是“一片漆黑中的惊天巨雷”。但 2017 年的这次双中子星并合却不是这样，它是“闪电”与“惊雷”兼而有之，天文学家既能够接收到它的电磁波信号，也能够接收到它的引力波信号，不光可以“听到”，而且能够真切地“看到”。

当一列火车发出“呜呜”的汽笛声，我们从很远的地方听见，大致就可以判断出列车此时与我们的距离。声音小，自然离我们就远些；声音大，自然离我们就近些。仅就当下来看，引力波主要的应用就是作为“标准汽笛”，一次引力波事件的绝对振幅可以通过理论模型计算出来，把它与我们观测到的引力波辐射进行对比，就可以推算出距离——相信读者在此处必定会联想起视星等与绝对星等的关系。1887 年，赫兹发现电磁波，证实了麦克斯韦的预言，他在即将发表的论文最后一段写道：“我不认为我发现的无线电波会有任何实际用途。”不久之后，马可尼和特斯拉两位天才发明家就将电磁波应用于通信。到如今，电磁波已经彻底地改变了人类的生活，互联网、手机等发明都已成为人们生活中不可或缺的一部分。人类才刚刚确切地探测到引力波，我们对于它的了解还远远不够，在将来，它的作用绝不会局限于前面所说的几个方面而已。可以十分肯定地断言，引力波的未来不可限量。

LIGO 探测到引力波是科学史上最重大的发现之一，爱因斯坦广义相对论的最后一块拼图被完成。2017年，诺贝尔物理学奖很早就失去了悬念，最终，LIGO三巨头——美国物理学家雷纳·韦斯（Rainer Weiss）、基普·索恩（Kip Stephen Thorne）和巴里·巴里什（Barry Clark Barish）意料之中地获得了这项荣誉。一个有趣的花絮是，基普·索恩曾经两次就引力波探测问题与人打赌：第一次索恩说在1988年5月5日前将会探测到引力波；第二次又说在2000年1月1日前探测到引力波。这两次他都输了。最终索恩于2015年成功地探测到了引力波，可偏偏这次他没有事先和别人押下赌注，可见他也是一个赌运奇差的家伙——不过好在他还能赢霍金。

在本篇的最后，我们将三位诺贝尔奖得主做一简要介绍：

雷纳·韦斯（Rainer Weiss），1932年出生于德国，物理学家，1966年便设想利用激光干涉仪来检验自由悬挂的镜子之间的相对运动，从而达到直接检测引力波的目的，并第一个将想法付诸行动，制造了1.5m引力波探测器的原型机。1972年，韦斯发表文章，详细论证了引力波激光干涉仪所面临的所有噪声源问题并提出了相应的解决方案，最早勾画了LIGO的蓝图。

巴里·巴里什（Barry Clark Barish），来自美国加州理工学院，领导了LIGO建设及初期运行，建立了LIGO国际科学合作，他把LIGO从几个研究小组从事的小科学成功地转化成了涉及众多成员并且依赖大规模设备的大科学，最终使引力波探测成为可能。

基普·索恩（Kip Stephen Thorne），同样来自加州理工学院，他的主要贡献在于理论方面的支持，包括确定了LIGO可以探测到的引力波源，奠定了分析数据并从中提取引力波的所用方法，设计了可以控制激光管中激光散射的挡板，以及提出了如何降低探测器中热噪声影响的方法。除了引力波方面的贡献外，基普·索恩在相对论天体物理、虫洞和时间机器以及黑洞物理方面做出了很多重要贡献，人们所熟知的科幻大片《星际穿越》就有他参与制作。

# 第四章

# 浩瀚的宇宙

我们不知道为什么会来到这个世界，但是我们可以试试寻找这是个怎样的世界，至少在它的物理性质方面。

## 一、天上的“奶路”

在夏季晴朗的夜空，我们常常能够看到天空中悬挂的银河，从西南方一直延伸到东北方，横亘在天穹上，最宽的区域甚至能够达到 30° ，在远处形成了分汊，蔚为壮观。银河，又称“天河”“云汉”“星河”等，常常成为诗篇和神话的主题。“纤云弄巧，飞星传恨，银汉迢迢暗度。金风玉露一相逢，便胜却人间无数。柔情似水，佳期如梦，忍顾鹊桥归路。两情若是久长时，又岂在朝朝暮暮。”这首脍炙人口的诗篇，是宋代才子秦观在七月初七晚上有感于牛郎织女的神话而作。在古人的浪漫遐想中，银河真的是天上的一条大河，天河两岸的织女星和牵牛星（又称河鼓二）本是一对情侣，因为银河的阻隔才难以相见。“天圆如伞盖，地方如棋局”，这是中国人最古老的宇宙观，天就像圆形的伞盖一样，扣在方正平整

银　河

的大地上。因此古人相信，在大海最遥远的地方，海天相接，大海的尽头可以直接通到天上的银河。西晋张华的《博物志》记载了这样一个离奇故事：

西汉时期，有一个人居住在海滨的一个小岛上，他注意到，每年 8 月都会有木筏子在海上往来，非常准时。于是他突发奇想，做了一个非常大的木筏，在上面筑起楼阁，囤积了大量的粮食和必需物品，然后就坐上木筏，随着洋流漂向远方，开始他的海上冒险。在起初的十多天，这位航海家每天晚上还能够看见日月星辰，但到了后来则一切都开始变得混乱，恍恍惚惚的，甚至白天和夜晚都难以分辨了。约莫又过了十多天，忽然漂流到一个神秘的地方，那里有城郭、有房屋、有楼阁，十分整齐。探险者远远望去，见到岸边

一个楼阁之中居然有一个妇人在忙着织布。继续航行，又见对岸来了一个男子，牵着牛到河中饮水。牵牛人见了这位冒险家，大为惊讶，问道：“你从哪里来的？”冒险家将自己的来历讲述了一番，之后又询问这里究竟是何处。牵牛人回答说：“你回去问问蜀郡的占星家严君平就知道了！”无奈之下，这位冒险家又沿着原路漂流回去了。回来后他又马不停蹄地来到了千里之外的蜀地，拜访大学者严君平。严君平说：“某年某月某日，有颗来路不明的星星突然出现在天河区域，与牵牛星非常接近。”这位冒险家仔细回忆之后，恍然大悟，那一天正是自己乘着木筏见到牵牛人的日子啊，看来自己当时已经航行到了银河上！

在英语中，银河被称为“Milky Way”，直译就是“奶路”，源于古希腊的神话故事。神王宙斯十分花心，到处留情，背着神后赫拉在凡间生下一个私生子。为了让这个凡间婴儿能够长生不老，趁着神后赫拉睡得正沉，宙斯便把婴儿偷偷送到她的怀抱中去吸吮乳汁。赫拉事先不知，在婴儿的猛吸之下突然惊醒。赫拉低头一看，发现这个孩子并非自己所生，大惊之下便奋力将婴儿推出。由于用力过大，她丰沛的乳汁便喷射到空中，最终形成了银河。

直到近代，人们才对银河具有了科学的认识，在这个过程中，赫歇耳家族功不可没。1738 年，威廉·赫歇耳出生于英王治下的汉诺威公国，他的父亲是皇家禁卫军乐队的指挥。在家庭的影响下，威廉自幼便具有相当高的音乐才华，并在 15 岁那年追随父亲的脚步加入了皇家军乐队，成为一个双簧管演奏家。1757 年，由于战争，威廉·赫歇耳逃离了军队，经过数月的艰苦跋涉来到不列颠。到达英国的时候，威廉已经困窘到了极点，口袋中只剩下一分币，无家可归的他成为一个流浪演奏家。渐渐地，他出色的才能使他的名声流传开来，并在 1765 年成为巴斯管弦乐队的骨干和教堂的风琴演奏家。从 1771 年开始，威廉·赫歇耳真正走上了天文学之路，他受到当时一本著名的科普畅销书的影响，对于其他星球文明的存在产生了浓厚的兴趣。他希望能够亲自一探究竟，就从商店里租来小型望远镜，每到天黑便开始巡视天空。其实，他的这份爱好已经由来已久了，只不过一直以来由于生活的压力而无暇顾及。

早在少年时期，他的父亲老赫歇耳作为一位天文爱好者，就常常在晚饭后的闲谈中向他讲述星空的奥秘，威廉因此对璀璨的夜空很早就充满向往。由于强烈的求知欲，威廉在业余时间阅读过大量的数学、自然哲学方面的书籍，对于牛顿、欧拉、莱布尼兹等名字都有耳闻。现在他在巴斯拥有了稳定的职业，生活已然安顿下来，对天文学的强烈兴趣日甚一日。他迫切地希望能够拥有一架更大的望远镜，以便更进一步地观测，但是高额的租金使他望而却步。无奈之下，他只剩下唯一的解决方案，下定决心自己亲手磨制一架高倍率的望远镜。

17 世纪时意大利科学家伽利略制造出了第一架折射式天文望远镜，并用它发现了月球的环形山、木星的卫星、太阳黑子等，取得了一系列重大天文成果，人们因此赞美说："哥伦布发现了新大陆，伽利略发现了新宇宙。"正是透过这架望远镜，银河的神秘才第一次被揭开，伽利略看到，银河不是什么"奶路"，而是有无数颗肉眼难以分辨的恒星！至此，人们才终于明白，银河实际上和我们看到的恒星在本质上是相同的，它们共同组成一个系统——银河系。

伽利略时代的折射式望远镜存在一个很明显的弊端，即色差现象。由于不同波长的光折射率不同，白光在通过镜片后所成的像周围存在一个七彩的光圈。要减小这种色差的影响，可以尽量延长物镜的焦距，把望远镜做得长一些。于是，后来的制作者们便在望远镜的长度上下足了功夫。1659 年，惠更斯所制的望远镜长达 37.5 米——功夫一点都没有白费，他借助这台望远镜发现了土星的光环。惠更斯制作的望远镜的长度纪录在 1673 年被打破，46 米的超长望远镜被制造出来；1772 年，纪录被再次打破，65 米的超长望远镜诞生。望远镜的长度竞赛持续了很长时间，但是在后来这种努力遭遇到了“瓶颈”。由于望远镜的长度过长，镜筒部分不得不被舍弃，这样的超长望远镜只能用支架和绳索高挂在数十米的空中，因而被称为“悬空望远镜”。不难想象，要操作这样一个精密而又笨拙的仪器是多么麻烦，不仅旋转升降困难重重，而且稍微有些风吹草动或周围温度、湿度的变化都会对观测造成相当明显的干扰。看来，要想提高观测精度，一味增加望远镜长度已然行不通了。

折射望远镜所遭遇的困境，迫使天文学家不得不另辟蹊径。牛顿说：“看吧，改良长望远镜已经不可能了，我要贡献一种利用反射的仪器，它不用物镜而是用一个凹的金属镜子。”这所谓的“凹的金属镜子”就是他在 1668 年用铜锡合金磨制出的世界上第一架反射望远镜。与折射望远镜不同，反射望远镜利用一个凹的抛物面将进入镜头的光线汇聚后，反射到位于镜筒前端的一个平面镜上，然后再由这个平面镜将光线反射到镜筒外的目镜里，这时观测者应当从前端的侧面观察，便可以看到星空的影像了。由于反射式望远镜克服了色差的影响，制造成本相比之下也大大降低，所以很快便风行起来，在后来成为天文望远镜的主流。

在望远镜的制造方面，赫歇耳似乎同样具有与生俱来的天赋。从来没有人向他传授过这种技艺，起初他只凭借着一本光学参考书入门，但他的毅力是惊人的，天文望远镜的精度要求甚高，所磨制的金属反射面误差不能超过一根头发丝。他将所有的业余时间用于磨镜，由于抛物面在当时都是坚硬的铜合金，磨镜时要用不同粗糙程度的磨砂反复用力打磨，所以这项工作也必然伴随着巨大的体力消耗。威廉·赫歇耳身旁唯一的帮助者就是小他 12 岁的妹妹卡罗琳·赫歇耳，在兄长从事这一艰苦而又单调的劳动时，卡罗琳在一旁为他朗读文学作品或弹琴唱歌，在他连续多达 16 小时不间歇工作的时候，她担心威廉会支持不住而晕倒，甚至在一旁用勺子一口一口地将食物喂进他的嘴里。经过 6 年的艰辛和 200 多次的失败，威廉·赫歇耳逐渐摸索出磨制镜片的一套经验，在后来他成功地制作出一系列大小不等的反射望远镜，质量上佳，其中还包括一个镜筒直径 1.5m、镜身长 12.2m 的巨型望远镜——这一度是世界上最大的望远镜。

赫歇耳兄妹

赫歇耳的巨型望远镜

“工欲善其事，必先利其器”，威廉·赫歇耳已经制作出领先那个时代的天文观测利器，现在，他可以创立他伟大的事业了。威廉·赫歇耳在妹妹卡罗琳的帮助下，在十余年中用自己磨制的46厘米口径的反射望远镜对星空进行了系统的巡天观测。天上的星星，谁人能够数得清？要统计满天繁星的数量，谈何容易！赫歇耳的望远镜的视场大约是15角分，大约是月亮视面积的1/4，而全天有40 000多平方度，若要巡视一遍非得进行20多万次观测不可！

这对于兄妹俩来说，绝对是个穷尽一生也不可能完成的任务。事实上，赫歇耳也不必如此。他们采取了更为明智的统计学方法，在每间隔银道面 15° 取一个观测区，每个区大约为视场直径。为了降低偶然性的误差，他们总是在同一纬度处取几十个不同经度处来统计，最后取平均值。为了使结果更加可信，在精心选择的 683 个选区中，赫歇耳对每一个取样选区的计数至少要在不同的时间内反复进行 3 次。他最后得到了 1 117 600 颗恒星的有关资料，通过对观测结果的分析，赫歇耳注意到一个很明显的事实：在离银道面越近的地方，恒星的数目越密集；离银道面越远，恒星的数目越稀疏。据此，他断定，恒星并不是在空间均匀分布的，而是大致组成了一个扁平的系统。也就是说，天球上的这些恒星所组成的庞大系统银河系的形状其实是扁平的，就像一个盘子，而我们的太阳就位于这盘子的中心附近。这个道理可以打一个比方来理解：有一个养着相当多金鱼的巨大鱼缸，而我们就是其中的一条，倘若我们游到了鱼缸的中部，那么四下望去，通常就会发现不同方向的金鱼的数目大体差不多；反之，倘若我们停留在鱼缸的一个角落，那么便会发现鱼缸中金鱼的分布相当不均匀，向鱼缸中心望去可以看到很多鱼儿，而向外看，除了我们自己就很少能够看到别的同类了。

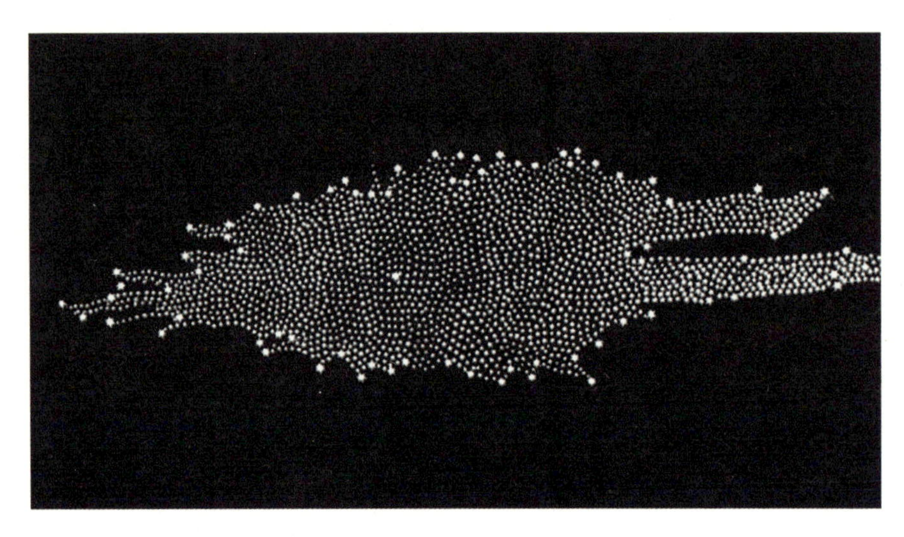

赫歇耳的银河系

作为近代恒星天文学领域的宗师巨匠，威廉·赫歇耳被誉为“恒星天文学之父”，他的妹妹卡罗琳也贡献甚大，威廉所取得的成果都有她的一份贡献。而在他们兄妹二人之后，威廉晚年所生的独生子约翰·赫歇耳后来继承家学，带着观测仪器远赴非洲好望角，历经 4 年夜复一夜的观测，补充了南天的 68 948 颗恒星，使威廉和卡罗琳的工作因此更为完整。

“智者千虑，必有一失”，现在我们知道，赫歇耳的结论其实也是存在问题的。有重要的一点他们未曾考虑，银河系的盘面上充满了星际气体和尘埃，它们能够吸收恒星发出的可见光，以至于在一定距离之外的天体都无法被观测到。赫歇耳通过观测发现，恒星在不同方向的分布差不多，这其实并不足以说明恒星真的是均匀分布，实际上他只能看到周围不远处的恒星而已，银河中心方向的繁星他根本没能观测到。也就是说，如果一个鱼缸中的水是混浊的，鱼儿只能够看到以自身为中心的一小块区域，那么无论它是真的处于鱼缸的中心还是一个很偏僻的角落，它向四下望去能够发现同类的数目都是差不多的。必须事先把污水放掉，重新注入清水，鱼儿的视野因此变得开阔了，它才可能对于鱼缸中鱼群的分布拥有正确的见解。限于当时的条件，赫歇耳的观测终究无法透过浑水，最终导致他误认为太阳是银河系的中心。

实际上，太阳的位置并不在银河系的中心。美国天文学家沙普利通过对球状星团的研究，最早认识到这一事实。恒星往往由于引力而聚在一起，双星、三合星、四合星等都十分常见，如果星群的数目超过了 10 颗，就成为“星团”。球状星团通常由数万甚至百万、千万颗恒星紧密聚集而成，外貌基本呈球形。当时，沙普利掌握了一种测量天文距离的新手段，并将这把利器用于对球状星团距离的测量上。他研究了当时已知的 132 个球状星团，其中的 90% 以上都位于以人马座为中心的半个天球上，分布极不均匀。它们与太阳的距离极为遥远，都在数万光年之外。他逐个地测量这些球状星团的方向和距离，归纳出它们事实上是呈球状对称分布的，只是对称中心并不在太阳附近，而是距离我们 2 万多光年的人马座方向

球状星团

上，沙普利由此推想，这个位置才是银河系的中心，而太阳其实处在银河系的偏远地区。

沙普利用来测量球状星团距离的那把尺子，最初由来自哈佛的女天文学家亨丽爱塔·勒维特（Henrietta Leavitt）所发现。1908年，勒维特在位于南半球的秘鲁阿雷西博天文台工作，是一名研究助理，主要负责检查小麦哲伦云（这其实是一个与银河相距不远的河外星系）中的变星。变星就是那些亮度随时间变化的恒星，种类颇多，有脉动变星、爆发变星等很多类型，其成因也各有不同。此时，勒维特注意力被其中25颗特殊的变星所吸引，她发现这类变星的视亮度与其光变周期密切相关，周期越长，其视亮度也越大；周期越短，视亮度越小。这类变星被称为造父变星，名字源于它的一个典型代表仙王座 δ 星（中文名为造父一）。由于麦哲伦云与我们相距近20万光年的遥远距离，而这25颗星云内的变星彼此之间的距离，与之相比已经微不足道。对于地球上的观察者来说，这25颗变星与我们的距离可以认为是相同的。所以，勒维特知道，视亮度大的其本身也必然更亮，证明这类变星的周期与它们的绝对星等具有同样的密切关系，这种关系叫作“周期－亮度关系”(简称“周光关系”)。这样一来，只需要掌握造父变星的光变周期，我们便可以确定它的绝对星等，接着再比较视星等与绝对星等的差别，根据前面所说的“亮度与距离的平方成反比”的规律，就可以推算出这颗造父变星的距离了。而沙普利意识到，造父变星可以作为一种“标准烛光”，就好像我们清楚地了解一支蜡烛点亮时的真实光度，假如一个人拿着这根蜡烛走到远处，我们可以很容易地根据当前蜡烛的视亮度来推算出拿蜡烛的人与我们的距离。这样，沙普利经过长达 4 年锲而不舍的努力，在球状星团中寻找造父变星，在绘制出它们的周光关系图之后，他完成了对球状星团距离的测量。

沙普利的发现对当时人们的头脑也是一次震撼。在哥白尼提出“日心说”之前，人们一直以为自己所处的地方是宇宙的中心，直到后来才渐渐接受地球不过是太阳系中的一颗普通行星，是在以太阳为中心的固定轨道上运动。现在沙普利告诉人们：“甚至太阳也不过是银河中无数恒星中最普通的一个，并没有什么特别之处。”地球从前的傲慢，经过这两次天文学发现而被彻底摧毁。

对于银河系确切的样子，我们要了解起来并不容易。“横看成岭侧成峰，远近高低各不同。不识庐山真面目，只缘身在此山中。”这首诗很恰当地反映了这一点。我们身处于银河系之中，至少就目前的条件来说，我们无法超脱出去一览全貌。关于它的形状，从侧面看去，我们的银河系的确是呈盘状的，中间厚，两边薄，就好像一个无比巨大的飞碟。假如我们能够俯视它，那么所见到的景象又会不一样了，我们会发现它就像一个无比巨大的风车，并且在不停地自转。风车的中心是一个 400 万倍太阳质量的超大黑洞，称为“人马座 A*”。它的外围就是银核，形状像一个橄榄球，密布着数百亿颗恒星，绝大多数都处于恒星演化的末期，尤以白矮星居多。银核之外的银盘是银河系的主体部分，其中间部分较厚，向四周逐渐变薄。银盘实际上是从中心区域伸出的 4 条弯曲的旋臂，分别是矩尺旋臂、半人马 - 盾牌旋臂、人马旋臂和英仙旋臂。银盘是银河系的“郊区”，这里的恒星比银核“市中心”要稀疏得多，这里的恒星群体主要由尚处于青壮年时期的主序星组成。银盘的外围是银晕，这是一个巨大的包层，体积超过银河系主体部分的 50 倍，但是其中的物质比较而言则稀少得多，主要是一些球状星团和相当稀薄的星际气体。在银晕之外的极为辽阔的区域，那是一片暗物质的世界，其总质量大约能够占到银河系总质量的 2/3。

## 二、银河之外

1755年，德国哲学家康德在其早期的著作《天体论》中指出，在银河系之外还存在着无数个恒星系统，它们与我们的银河类似，众多恒星聚集成一个形如薄盘的结构，我们从地球上遥望，若视线恰好垂直于这个星系，看到的便是圆形；如果视线有些偏斜，那么呈现出的就是椭圆。这些星系与我们的距离太过遥远，我们难以将其中的千亿颗恒星一一辨明，望远镜中所能见到的不过是一些模模糊糊、光芒微弱的云雾状天体而已。这个理论后来被概括称为“岛宇宙”理论，意思是说我们的宇宙如同一个茫茫的大海，而星系就是散落其中的大大小小的众多岛屿。现在看来，这个出于哲人敏感直觉的大胆预测，竟是一语道破天机，而这个“天机”最终得到天文学证实，则是在100多年之后。

天文学泰斗威廉·赫歇耳在1789年磨制出了口径122cm的大型望远镜，并将这架领先世界的庞然大物对准了29个云雾状天体。结果没有令赫歇耳失望，如同伽利略当年窥见银河的奥秘一样，赫歇耳发现大多数星云确实是由无数颗小星星聚集而成。但是在后来，赫歇耳又观测到了一些行星状星云和旁边有恒星的弥漫星云。恒星与烟雾状的星云共同存在，这意味着它们或许并没有遥远而庞大的恒星系统，而仅仅是与我们相距不远的、无法分解的“真正星云物质”。赫歇耳因此陷入到巨大的困惑之中。

银河之外到底是否还有星系？这个问题一直悬而未决，并终于在1920年引发了一场影响深远的“世纪大辩论”。这场论战实际上是美国科学院的一次年度演讲，组织者为美国威尔逊山天文台德高望重的台长海耳，他在一年前以自己父亲的名义设立了此项活动的赞助基金。起初，海耳更希望这次演讲的主题是爱因斯坦的相对论，但这对于当时的学者来说过于深奥，只有很少的科学院院士才能勉强理解。相对论主题在此是不受欢迎的，科学院方面甚至有人不无幽默地说：“我祈祷上帝，科学的进展将把相对论送往超出四维空间的某个区域，使它永远不从那里回来困扰我们。”鉴于此，海耳便选择了另外一个论题——“宇宙的尺度”，而这场大辩论的双方也被确定下来，分别是威尔逊山天文台的沙普利和利克天文台的柯蒂斯。

沙普利对这次演讲非常重视，一方面出于他强烈的好胜心——他是一位非常强势甚至有些专制的天文学家，难以接受任何人对自己观点的挑战，而另一方面则是他对于一个重要学术职位的暗自期许。当时，哈佛大学天文台的台长皮克林刚去世不久，他们正打算在这次盛会中物色一位合适的接班人，沙普利认为此行便是争取这一荣誉的绝佳机会。沙普利率先登上讲台，他知道，台下的200名听众中天文学家只占少部分，要将演讲尽量变得通俗、浅近和减少争议，这才是明智之举。于是沙普利的演说几乎成为一场科普讲座。他首先总结了自己一直以来的工作成果，正如在上一篇中我们所介绍的，通过对球状星团的距离和方向的测量，指出太阳并非银河系的中心而是处在它的边缘。进一步地，他对银河系的尺寸进行了估计，测量结果远远大于前人，认为银河系的直径大约是30万光年。沙普利认为，这次争辩的主角旋涡星云，并不是银河之外的巨大恒星系统，而不过是银河系内的一些气态物质而已。在沙普利看来，银河之外无星系，宇宙其实就是“大银河系”。接着，他简短地陈述了三个论据。第一，当时的天文学家们已经认识到，旋涡星云在天空中的分布存在着明显的规律，越往银河系的两极，发现的旋涡星云就越多，相反，在银道面附近却几乎没有发现。可见，类似于球状星团，这些旋涡星云必然与我们的银河系存在着某种关联，否则的话，旋涡星云应当在全宇宙中均匀地分布才对。第二，在 1885 年有一颗新星在仙女星云的中央突然出现，其亮度在短时间内竟然能够与整个仙女星云的亮度相匹敌。沙普利认为，如果真像对方主张的仙女星云是一个星系的话，那岂不是说，一颗爆发的新星的亮度足以抵得上数千亿颗恒星了吗？这简直荒谬（事实上，这次爆发的仙女 S 新星其实是一颗超新星，当时的天文学家对超新星没有足够的认识，大大低估了一颗大质量恒星演化后期所能造成的视觉震撼）！第三，沙普利的好友兼同事范玛宁拍摄了一系列旋涡星云照片，在与早年的类似底片对比之后，他惊奇地发现它们都在做着自转运动。与“恒星不恒”的道理一样，遥远的天体即使其运动的速度很大，但在我们看来仍然是近乎静止的。现在范玛宁计算出了很多星云的自转速度，大约是每年十万分之一周，在我们看来这个数字小得可怜，但如果考虑到它与我们的距离的话，那么这个星云的自转速度可能会出奇地大，大到离谱！如果星云在我们的银河之内，与我们相距不远，它的实际自转速度是可以接受的，但是如果它远在银河之外，那么根据计算，它的速度甚至会超过光速，而星云自身也不可能继续完整地存在。范玛宁的这项研究，是此次论战中沙普利最为倚仗的利器，自始至终他都相信，这必将给对手柯蒂斯送上最致命的一击。

现在轮到柯蒂斯登场了。他一丝不苟地带上事先准备好的幻灯片和厚厚的学术性手稿，这种学究气与此前沙普利的科普讲座风格形成了相当鲜明的对比。柯蒂斯站在台上滔滔不绝，对沙普利的观点提出了针锋相对的诘难。首先，柯蒂斯认为银河系的尺度远没有沙普利估计的那么大，原因在于他所采用的测量方法本身就可能存在较大的偏差。根据自己重新的估计，柯蒂斯认为银河系的直径可能尚不足 3 万光年，比沙普利的数值整整降低了一个数量级。其次，通过对星云光谱的观测，柯蒂斯注意到它实际上与多种恒星组成的星团光谱一致，很明显是许多恒星的集合。对于沙普利所指出的旋涡星云大多分布于银河系的两极，柯蒂斯也给出了迥然不同的解释，他猜测这仅仅是因为银盘附近的星际尘埃吸收散射了远处旋涡星系的光芒。关于仙女 S 新星，柯蒂斯从理论上推测出某一类特殊的新星的确可能爆发出难以想象的耀眼光芒——正如在后来所证实的，这实际上是一颗超新星，它的光芒的确可以比得上整座星系的亮度，只是此前的天文学家对此尚不知晓。最后，对于范玛宁关于星云自转的照片，柯蒂斯认为这其实根本不足为据，一来那些作为对比用的老底片质量很差；二来短时间内这些旋涡星云的自转幅度其实极小，很容易造成较大的误差，只有经过数十年甚至数百年之后再来对比，其结果才是可信的。

按照海耳原先的计划，除了各自的演讲之外，还设置了二人短兵相接、彼此当场辩论的环节。柯蒂斯精通希腊语、拉丁语，对古典文学颇有造诣，并从古代希腊、罗马的那些演说家那里学习到了雄辩的口才，一心期待着能与沙普利进行“一场非常友好的争论”。沙普利对此则相当畏惮，于是他请求海耳将这个令他头痛的环节去掉。不仅如此，他最后还成功地劝说其将演讲原来所规定的时间由 45 分钟减到 40 分钟。一个有趣的花絮是，沙普利与柯蒂斯实际上曾有充分的时间尽情辩论，在前往华盛顿参加这场世纪大辩论的途中，二人惊奇地发现原来彼此竟然在同一列火车上。这样的一次巧合的相遇反倒使得彼此陷入尴尬，不但没有当场辩论起来，反而彼此心照不宣地刻意避开关于天文学的话题。为了避免旅途的寂寞，他们谈论起了各自的爱好，柯蒂斯发表了他对古典文学的诸多见解，而一向对蚂蚁情有独钟的沙普利则滔滔不绝地讲起了他这些年的观察心得，包括他那篇著名的论文《论长颈蚂蚁的热运动》，他得意地告诉柯蒂斯这一用温度计和手电筒等实验用具得来的成果：温度越高，这些蚂蚁跑得越快，中午比傍晚快，傍晚比夜间快。柯蒂斯对他的爱好十分欣赏，当火车在亚拉巴马因为故障而临时停车时，他甚至跑到了铁轨上帮助沙普利收集蚂蚁……

大论战结束后，二人各自打道回府。至少在离开华盛顿时，他们都确信自己是获胜的一方。这场大论战似乎并没有改变什么，沙普利及其追随者依旧坚持认为幅员辽阔的银河系基本就是整个的宇宙，而柯蒂斯一方也仍然确信“岛宇宙”的理论，坚称银河系并没有对手想象的那么大。将近一年之后，沙普利迎来了他期待已久的好消息，他将成为哈佛大学天文台的新任台长，很快便走马上任。3 年之后，沙普利将会反思，这样早地离开威尔逊山天文台，对于他的研究来说其实算不上一个明智的决定。要知道，更大口径、更高精度的望远镜对天文学领域的新发现来说，一直以来都是最重要的推动力之一，而威尔逊山天文台便拥有这样一架聚光能力举世无双的大型反射望远镜，口径高达 100 英寸（约 2.54 米），很长一段时间内它都是世界上最大的天文望远镜。当然，这要等到 1924 年 2 月他收到前同事埃德温·哈勃寄来的那封信时，他才第一次真正地意识到。是的，沙普利与柯蒂斯的这场争论，最终由这位年轻的天文学家彻底解决。

1923 年 10 月 4 日的夜晚，埃德温·哈勃在威尔逊山将那台大型望远镜瞄准仙女座大星云 M31 的旋臂，经过 40 分钟的曝光，他在拍摄的底片上看到了一个可能是新星的天体，不久前它非常暗淡，而最近却陡然变得很亮。他感到相当兴奋，紧接着在第二天进行了同样的观测，又发现了两颗与之类似的天体。随后，他找出此前沙普利和自己的助手赫马森等人拍摄的底片档案进行对比，发现其中的一颗光度明显存在周期性的变化，说明它不是一颗爆发的新星。哈勃进一步绘出了这个天体的光变曲线，证实它果然是一颗造父变星，光变周期为 31.415 天。数年前，沙普利曾将造父变星作为“量天尺”，利用它测出了球状星团与地球的距离。而现在，哈勃也可以依样画葫芦，同样用这把量天尺去测量仙女星云与地球的距离。测算的结果表明，这颗造父变星与我们的距离至少有 100 万光年之遥，远远超出沙普利的“大银河系”的范围。同时仙女星云能够穿越这样遥远的距离而被我们看到，也表明它本身必然极其明亮，发光能力堪比银河系。很明显，答案已然揭晓，仙女星云是银河之外又一个拥有千亿成员的庞大恒星系统！

1924 年 2 月，哈勃专门写信给沙普利，通知他最终的胜利者正是自己。在这封信中，哈勃毫不吝啬地使用各种形容词和变换的文法来描述自己愉快的心情，他的目的很单纯，就是给沙普利的内心造成更大的伤害，并尽可能地再在伤口上多撒些盐。实际上，早在沙普利离开威尔逊山之前，哈勃就已经与这个年长 5 岁的同事彼此反感。除了同为密苏里人外，他们二人的经历便再也没有相同之处了。沙普利出身寒微，是一个牧人之子，做过记者，凭借着不懈的努力和超过常人的天赋，在后来成功地抓住机遇，在普林斯顿大学获得天文学博士学位，师从恒星演化领域的权威、赫罗图的创制者亨利·诺里斯·罗素。再看哈勃，他的父亲是一位成功的保险业商人，曾以优异的表现获得罗兹奖学金而前往英国留学，他学来了一整套的“牛津做派”，操着一口浓重的英国口音，同时在第一次世界大战期间又成为哈勃少校。沙普利一直对哈勃的英国腔缺乏好感，而哈勃引以为傲的军人经历更令这位反战主义者大为不屑。哈勃也一样，对这个和自己同样雄心勃勃但更为强势的前辈早已没有好感。现在，哈勃成功地通过造父变星测距法推翻了沙普利的理论，可以说是用敌人最擅长的方式把敌人击败，这样的结果令他享受到了极大的快感，而沙普利则只能默默咽下这份难以言说的苦涩。

现今我们知道，在宇宙中和银河系同等级别的恒星系统大约有2000亿之多。哈勃很早就着手对这些星系进行分类，当然，他并不承认“星系”一词，这是沙普利提议的称呼，终其一生，哈勃都执拗地仍将它们叫作“非银河星云”。按照哈勃分类法，星系被分为四种基本类型，分别是旋涡星系、棒旋星系、椭圆星系和不规则星系。

在目前所知的星系中，旋涡星系最多，大约占到总数的80%。旋涡星系可以说是我们最熟知的类型了，它们看起来像一个大风车，从一个扁平的星系盘上伸出若干条旋臂，位于星系中央的核球致密分布着大量恒星，而星系的周围是扩展的晕，散布着一些较暗的老年恒星。旋涡星系用大写的英文字母S表示，并根据核球的大小进一步分为Sa、Sb和Sc三个次型，Sa型旋涡星系的旋臂缠绕得相当紧密，甚至有些接近圆形；Sb型星系的旋臂相对而言则要更为松散；至于Sc型星系，它的松散程度超过前面两种，以至于

旋涡星系

旋涡结构已经有些不大清晰了。仙女星系是第一个被确切证明的河外星系，也是人类肉眼可见的最远的深空天体，根据哈勃分类法，它就属于旋涡星系的一个典型代表。

人们一度以为，我们所处的银河系和仙女星系一样，也是典型的旋涡星系。但后来的证据表明，在银河系内存在着一根细长的棒状结构，而这正是棒旋星系与典型旋涡星系最重要的区别所在。这条巨棒穿过核球的中央并一直向两端延伸至星系盘（在这里特指银盘），旋臂其实是从棒状结构的两端伸出，主要由恒星和星际物质组成。棒旋星系用英文大写字母 SB 表示，也可按照核球的由大到小分成 SBa、SBb 和 SBc 三种次型。很多时候，棒旋星系和典型旋涡星系很难明确地区分开来，而二者在除结构外的许多方面都十分相似，因此天文学家也常常将它们一概笼统地称作旋涡星系。

第三大类是椭圆星系，它们不具有旋臂，外观好像一团椭圆形的亮斑，其中心位置也是大量恒星密集聚居地。椭圆星系可用 E 表示，并根据其扁率分为若干次型，最圆的为 E0 型，稍扁的为 E1 型，更扁的为 E2、E3……最扁的为 E7 型。必须指出的是，这里实际上指的是我们从地球上观测椭圆星系的视扁度而非它真正的实际扁度。在椭圆星系内部没有年轻的恒星，而它们的运动也好像是无序的，并不像我们的银河系那样会做规则的圆周运动。在哈勃分类法中，介于 E7 型椭圆星系和 Sa 型旋涡星系之间的称为 S0 型星系，它们同样具有透镜状的外观，但没有旋臂，因此又被称为“透镜星系”。

如果我们观察到一个形状奇特的河外星系，无法归入上述任何一类当中，那么我们便将它们算作不规则星系——哈勃星系分类法在当年曾经因此备受诟病，人们批评不规则星系简直是个无比大而杂乱的筐，什么解释不了、难以归类的星系都可以往里装。不规则星系可记为 Irr，它没有明显的结构。最为人所熟知的不规则星系是大麦哲伦云和小麦哲伦云，早在 16 世纪葡萄牙航海家费迪南德·麦哲伦在南半球航行时就曾观测到它们，只不过那时他尚不知道这两个天体其实处在银河系之外。麦哲伦星云算是银河系的近邻，小麦哲伦云和大麦哲伦云与太阳的距离分别是 16 万光年和 19 万光年。

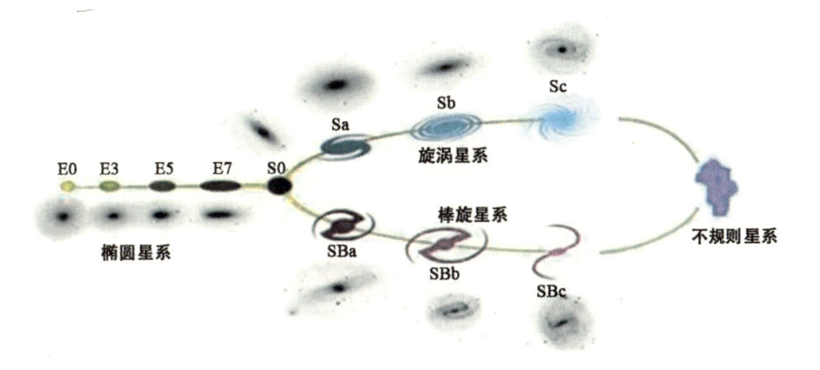


如上图所示，哈勃当年在完成对于星系的分类后，将它们用这个著名的“音叉图”画了出来。在他的设想中，图中从左到右的顺

序，实际上就是星系演化的序列，从 E0 型椭圆星系逐渐变为平坦的椭圆星系和 S0 型星系，然后形成星系盘和旋臂，最终成为不规则星系，这是一个“圆形→椭圆→扁椭圆→旋涡（棒旋）→旋臂松开→不规则”的过程。因此，哈勃也将椭圆星系称为“早型星系”，将旋涡星系称为“晚型星系”，后来的天文学家虽然把这两个术语沿用下来，但是他们已经知道，哈勃当年所设想的演化序列其实并不正确，这几种类型的星系之间都不存在直接的演化关系，哈勃分类法仅仅作为一种对星系的恰当描述而沿用至今。

## 三、膨胀的宇宙

“我们不知道为什么会来到这个世界，但是我们可以试试寻找这是个怎样的世界，至少在它的物理性质方面。”这是美国最著名的天文学家埃德温·哈勃的名言。毫无疑问，哈勃是天文学史上的一位巨人，他的一系列伟大的天文发现彻底地改变了人们对宇宙的认识。

在 20 世纪早期，有些科学家甚至能够成为明星般的人物，处处受到公众的追捧。极具个人魅力和传奇色彩的哈勃当然是其中极负盛名的一位。哈勃身材高大、体格强健，早在学生时代便是全校知名的运动健将，在网球、棒球、橄榄球、跳高、撑杆跳、铅球、铁饼、射击等众多项目上都取得过极为不俗的成绩。他也是一位相当出色的重量级拳击手，他获得奖学金在牛津深造期间，还曾登上一场表演赛的擂台，与一位有名的法国拳王交手。只有在篮球方面，哈勃略有遗憾，他的位置是中锋，但当时芝加哥大学篮球队中拥有一位天才球员，也是中锋，无论是身体素质还是技巧都更为出色，因此数年之中哈勃都只能无奈地枯坐在替补席上。尽管芝加哥大学篮球队收获了无数荣誉，但实际上哈勃鲜有表现自己的机会。

哈勃自少年时代便爱好天文学，但是保险经纪人出身的父亲却更希望他能够成为一个律师。每当他谈及自己对天文学的特殊情愫，往往会招致老哈勃的不快。最终他没有违逆父亲的告诫，顺从地在牛津大学拿到了法律学位。但是自始至终，哈勃从没有放弃过数学和天文学相关知识的学习，也一直在关注着相关领域的研究进展。在牛津求学的三年时光，哈勃学会了全套的绅士派头，甚至摆脱了自己的美国口音，取而代之的是一口纯正、流利的“牛津腔”。他常常嘴里叼着一个大烟斗，穿着花呢服，一双深邃、冷漠的眼睛，再加上沉静如水的表情和儒雅的学者气质，这一切都使得他在成名之后成为无数年轻人争相追捧和模仿的对象。毕业后，哈勃回到家乡，父亲的去世令他背负起谋生的压力。他并没有按部就班地通过司法考试然后挂牌成为一名职业律师，而是在印第安纳州的一所中学当上了一名中学教师。他起先只是教授西班牙语，不久之后又被邀请负责物理学和数学两门课程，到后来干脆又兼任了男子篮球队教练。在此期间，哈勃备受学生们欢迎，他们把这个有着“矫揉造作的牛津风度”的年轻教师当作一位偶像来崇拜。尽管如此，哈勃仍不时地有一种失落感，因为不能实现自己的天文学理想而抱有遗憾。在这里执教一年之后，哈勃意识到这里对自己来说简直是个陷阱，如果一直在此安逸下去，他的理想只会离他越来越远。而此时，父亲已经去世，他完全可以自己决定自己的未来。于是，他写信向自己以前的芝加哥大学天文学教授莫尔顿求助，询问自己从事天文学研究是否仍有可能。不久之后，哈勃得到了令人快慰的消息，他被介绍给芝加哥大学叶凯士天文台台长佛罗斯特，并将会获得一份不错的奖学金支持，顺利的话，3 年之后便能够如愿以偿拿到天文学博士学位。就在哈勃即将毕业之前，第一次世界大战的战火蔓延到了美国。哈勃匆匆提交了他的论文之后，随即参军，马不停蹄地到达密歇根湖的一个军事基地报到。后来哈勃被光荣地晋升为少校，前往法国准备投入到战斗中去，但让他感到失望的是，在他的部队奔赴战场之前，战争便结束了，他始终没能获得立功的机会。1919 年，哈勃返回美国，不久后便到了威尔逊山天文台工作，适逢当时世界上最大的天文望远镜刚刚落成不久——哈勃所有划时代的成就都与这台 100 英寸的巨无霸密切相关。

在 1924 年，哈勃通过测量一系列旋涡星云的距离，又一次大大拓宽了人类的视野，认识到银河不再是宇宙的全部，它仅仅是宇宙无数个星系中一个再平凡不过的单元。自此之后，哈勃声名大噪，成为当时最受人尊敬的天文学家之一。由于这项出色的工作，在1928年，埃德温·哈勃成功当选为美国国家科学院院士，当时他年仅38岁，是获得此荣誉者中最为年轻的一个。不久后他造访英国，英国皇家天文学会又授予他一项荣誉，聘请哈勃作为外籍会员。在这次欧洲之行中，鲜花与掌声始终围绕在他和妻子格雷斯的身旁，无数崇拜者紧紧追随着他们，如同皇家贵族一般，他们所到之处甚至都早有人守候在门边殷勤地为他们开门。这一年对于哈勃来说无疑是令人愉悦的，除了各种荣誉之外，他还将获得自己研究领域中又一个伟大的发现。

哈勃从欧洲回来不久，便把助手赫马森请到了自己的办公室。原来，最近有两三位天文学家提出一种观点，星云越暗，它们离地球越远，则观测到的红移也越大，哈勃听说后非常有兴趣，于是他现在邀请赫马森，希望他能够协助自己一同检验这种说法。所谓"红移"，实际上，早在十几年前哈勃就对类似的观点有所耳闻。那是1914年的夏天，来自洛厄尔天文台的天文学家维斯托·斯里弗便提出过类似的观点，他宣称大多数星云正在急速地飞离太阳。不过在那时，斯里弗尚不知晓那些星云的本质究竟是什么，无法确切地阐释这一现象背后的原因。尽管苦心研究15年，最终斯里弗还是因为测量误差的困扰和重要数据的丢失而不得不放弃了这个领域。如今，哈勃开始推进这项研究，条件更为成熟了。"工欲善其事，必先利其器”，与斯里弗相比，威尔逊山天文台 100 英寸的胡克望远镜对哈勃来讲无疑是一件难得的利器，它是当时世界上最先进的望远镜，哈勃测量到的数据必然远远比斯里弗的更为精确。而且，哈勃熟练地掌握了造父变星测距法，能够推算出河外星系与我们之间的距离。

有人称哈勃为“星云世界的水手”，那么同样可以说，哈勃极为倚重的助手赫马森便是那艘航船上的瞭望员，他密切地注视着前方的情况，随时向掌舵的哈勃报告关键的信息。米尔顿·赫马森是当时最为优秀的观测天文学家之一，哈勃所取得的成就，很大一部分归功于赫马森出色的观测工作。与海耳、哈勃、沙普利等威尔逊山上的一众天文学家都不相同，赫马森早年所受教育非常有限，他年仅 14 岁便辍学，到威尔逊山新建的小旅馆打零工。起初他的想法是休学一年，做些刷盘子、接待客人这类杂活赚取以后上学所需的费用，在下一学年再回到学校中。似乎是注定的缘分，这里对他有些不同寻常的吸引力，他最终也没有回到学校，此后一直都在这里生活、工作。多年之后一个偶然的机会，赫马森成为天文台的一个看门人。恰巧这里来了一位实习的学生，他与赫马森成为朋友，并教会赫马森一些观测仪器的使用方法。赫马森尽管只有初中学历，但他天资颖悟，没过多久便能够很熟练地操作这些仪器。这不禁引起了著名天文学家沙普利的注意，那时，他尚未从威尔逊山天文台离开。沙普利与赫马森很早之前就已经相识，那时赫马森只身猎杀了一头偷吃岳父家山羊的美洲狮，并熬了一大锅美洲狮汤分发给山上的每位天文学家。这样惊人的事件早就使赫马森成为山上一个名气不小的人物。沙普利对既聪明又勇敢的赫马森十分赏识，便有意提携赫马森，教他算术和微积分，请他帮自己拍摄底片，等等。正是由于沙普利的无私帮助，赫马森后来得以成为威尔逊山天文台星云和恒星照相研究室的正式职员，并在数年之后升为助理天文学家。

哈勃和赫马森有意选择了最为暗淡的那一个旋涡星云开始研究，它是离我们最为遥远的河外星系。观测显示，这个星系的红移果然也最大，大约以 3000 千米 / 秒的速度远离地球，天文学家通常将它称为“退行速度”。1929 年，哈勃和赫马森将遴选后的 24 个星系的观测资料进行分析研究，得到了看起来十分简单但却意义重大的一组经验关系，如下图所示：距离我们越远的星系，其退行速度也越大，而且速度同距离存在着正比关系，这被称为“哈勃定律”，用公式表示即：

$$v=H_0D$$

其中 $v$ 是退行速度，$D$ 是与我们的距离，$H_0$ 则被称为哈勃常数。哈勃常数是自然界一个最基本的数字，当年哈勃计算得到的值很不精确，大约为 500，远远高于目前所测得的 68。

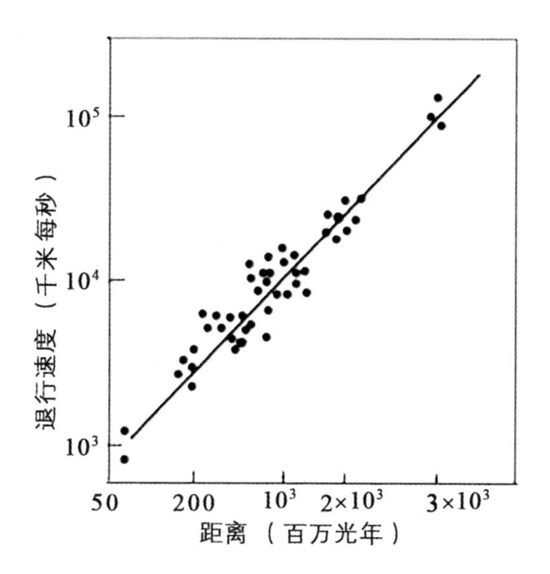


根据哈勃定律的描述，那些与我们相距遥远的河外星系正在以极快的速度远离我们。这是什么缘故呢？首先想象一下，假设有一个体积巨大的气球，我们自己和几位伙伴分别站在气球表面的不同位置，这时气球又开始充气，在它不断膨胀的过程中，我们向四周望去将会发现，伙伴们与自己的距离变得越来越远了！同样的道理，哈勃定律实际上描述了这样一个惊人的事实：我们的宇宙就像一个不断充气的气球一样，它在不断地膨胀！

必须指出的是，这里提到的“红移”又叫“宇宙学红移”，它与我们通常谈到的多普勒效应所引起的红移有很大的不同，从产生机制讲，它并非由于观察者和光源参照系之间的相对运动而导致，而是由于波动在空间传播的时候宇宙空间的膨胀或收缩而形成的光谱移动，是在宇宙学大尺度下更为显著的光谱移动现象。

什么，宇宙在膨胀？传统的宇宙观又一次被彻底地颠覆，人们甚至将哈勃的这一伟大发现与400年前的哥白尼革命相提并论。长久以来，人们所认同的是牛顿理论中“大箱子”式的宇宙观：宇宙像一个没有边界、静止的“大箱子”，各种天体在其中稳稳地安放，空间永远稳恒不变，时间像永不枯竭的长流水，既没有开头，也没有末尾，永远均匀地流逝……牛顿的稳恒宇宙观与人们的日常经验较为相符，大部分人对这种理论都很自然地奉为真理。最早对此表示怀疑的是剑桥大学三一学院的一位年轻学者，名字叫理查德·本特利。他与牛顿生在同一时代，在牛顿提出万有引力定律之后，本特利致信牛顿，向他请教这样一个问题：既然宇宙是无限的，宇宙中的天体在万有引力的作用下互相吸引，那么，各种天体引力应该会不断地叠加，形成一个无限大的合力，最终所有的物质都被紧紧地吸引在一起。可是为什么我们并没有看到这样的结果？尽管本特利并非出于有意刁难（事实上他一直对牛顿的学说非常推崇，还在当时举办过一系列讲座普及牛顿的学说），牛顿看到来信后，却着实被这个犀利的问题给难住了，他不得不承认自己的理论在此出现了矛盾。

除本特利提出的“引力佯谬”外，还有一个与之类似，但更为知名的“夜黑佯谬”，是由 19 世纪德国天文学家海因里希 · 奥伯斯提出的，又称为“奥伯斯佯谬”。假如宇宙确实像牛顿描述的那样是一种稳恒的“大箱子”，恒星均匀地分布其中（总的来说，没有理由认为某一地方的恒星会分布得特别密集或特别稀疏），这样离开太阳距离为 $r$ 的每颗亮度为 $s$ 的恒星到达我们附近的光为 $s/r^2$，但距离我们 $r$ 处的球面面积为 $4\pi r^2$，假设每单位球面面积上有 $n$ 颗星，则总共就有 $4\pi r^2 \cdot n$ 颗星，所以，这层球面上的恒星到达我们这里的为 $4\pi sn$。同样道理，离我们 $2r$ 的球面上的恒星也有 $4\pi sn$ 到达地球，既然宇宙是无穷的，这样的球面就有无限多个，无限多个 $4\pi sn$ 加起来，即使 $s$ 值很小，其总和也将是无比壮观的，至少要比太阳看起来明亮得多。照此说来，我们整个夜空都应该是明亮耀眼的。但事实却远非如此，我们所见到的夜空依然是漆黑的，天空中的星星也没有密集到连成一片。因此我们可以推论，出现了这样的矛盾，说明我们的宇宙不可能自始至终保持稳恒不变。

1931 年，爱因斯坦访问美国，他听说了哈勃最新的发现，专程前往威尔逊山天文台。走到那台巨型望远镜前，他对这些都不熟悉，这时他的夫人艾尔莎 · 爱因斯坦陪伴在身旁，便对身旁的人幽默地解释了一句：“我丈夫以前一直都是在旧信封的背面观察宇宙的。”爱因斯坦夫人说得没错，爱因斯坦一直习惯于在旧信封背面潦草地演算，在他建立了广义相对论之后，不久他便将其应用于宇宙学的研究。经过一系列的计算后，他惊奇地发现，他所看到的这个宇宙是不稳定的，它要么膨胀，要么坍缩，总之不会是稳恒静止的状态。这样的结果与他一直以来的信念相违背，他无法接受一个随时间演变的动态宇宙。经过几番思想的挣扎，爱因斯坦最终决定使出出人意料的一招使这个看起来已经足够疯狂的宇宙停下来。他使出的招数是：在广义相对论引力场方程中凭空加入新的一项，称为“宇宙学常数”，它可以用来提供额外的能量来保持宇宙的稳定。本来，爱因斯坦会顺理成章地成为第一个预见动态宇宙的人，但是固有的观念把这个 20 世纪最伟大的头脑也束缚住了。所以，当他来到威尔逊山天文台听说了哈勃的发现之后，他才放弃稳态宇宙的执念，十分沮丧地承认，引入宇宙学常数是他一生中最大的错误。

## 四、回到宇宙的起点

“遂古之初，谁传道之？上下未形，何由考之？”这是中国古代大诗人屈原的浪漫诗篇《天问》中的起首两句，仰观浩瀚的星河，遥想无穷的宇宙，他不禁疑问，那宇宙的开端究竟是什么样子的呢？在古代，很多民族都对宇宙的创生有过各种各样朦胧的猜想，无数动人的神话因此被创作出来，世世代代口耳相传。在中国古代的创世神话中，最为著名的当是“盘古开天地”的故事，大意是：起初，宇宙混混沌沌的，就像一个鸡蛋，天地都没有划分开来。宇宙的始祖盘古从混沌中生出，他抡起一把大斧，将混沌打破，宇宙的蛋壳从中间破裂，轻气上升化为天，浊气下降凝结为地，从此万物才渐渐地生发出来。道家哲学经典《庄子》中也有相似的记载，中央之帝名叫混沌，它无眼、无耳、无鼻、无口、无心，七窍不通，什么都不知道，也什么都不能做，只是混混沌沌地存在着，直到后来的一天，它的七窍被挨个凿开，混沌便死了。世界上其他民族的创世神话很多也与此类似，例如，《旧约·圣经》“创世纪”的内容，讲述上帝在七天之中创造宇宙万物的故事，这便反映了古代犹太民族对早期宇宙的一些看法。

前面我们讲过，哈勃和助手赫马森的观测证实，我们的宇宙实际上处于不断膨胀当中。那么，如果我们逆着时间的长河一直向上追溯到宇宙的过去，我们将很自然地推想，那时的宇宙应该远比现在要小得多。比利时有一位很了不起的天文学家勒梅特，他在哈勃定律发现之前，就通过求解爱因斯坦方程而预见了宇宙膨胀的事实。当他得知自己的想法已被哈勃的观测证实之后，这动态的宇宙图景更使他陷入深深的思考当中。勒梅特其实还是一位神父，起初他感到困惑，这个膨胀的宇宙与自己所认同的宗教创世观点看起来存在着矛盾。但进一步的研究与思索最终令他释然，他想到，起初上帝创造的并不是我们现在的这个宇宙，而是一个“原始原子”，或者叫“宇宙蛋”，它的体积大约只有乒乓球那么小，但是密度却出奇地大。原始原子的温度很高，在一次超级爆炸之后，它开始向四周喷射出碎片，这些碎片后来经过漫长的膨胀、扩散、分化和演变过程，才形成了如今的宇宙。看起来，勒梅特的观点与“盘古开天地”等创世神话颇有几分相似。

美籍俄裔物理学家乔治·伽莫夫（George Gamow，1904—1968）被勒梅特的宇宙模型深深地吸引，他猜想，勒梅特理论中那个原始的高温宇宙蛋会不会是一个核火球呢？因此，他对勒梅特“原始原子”假说进行了改进，于1948年首次建立了描述宇宙起源的“火球模型”。伽莫夫指出，初始的宇宙是一个温度极高、密度极大的“原始火球”，由质子、中子、电子等最基本粒子组成，从诞生那一刻后它急剧地膨胀，密度和温度也随之不断降低，万有引力逐渐发挥作用，各种化学元素逐渐合成，恒星、星系等天体接着出现，历经百亿年漫长的演化，宇宙才终于呈现出今日我们所看到的面貌。火球模型的论文是伽莫夫和他的研究生阿尔菲共同完成的，这篇文章背后的趣事一直为人们津津乐道。伽莫夫的名字与希腊字母 γ（伽马）发音相近，阿尔菲的名字与希腊字母 α（阿尔法）发音相近，就在论文发表之前，一直乐于搞怪的伽莫夫又开起了玩笑。他心想，希腊语开始的3个字母（α、β、γ）之中现在已经有了2个，只差一个 β（贝塔），研究所里不是有一个叫汉斯·贝特的物理学家吗？干脆把他也拉过来好了。就这样，这篇论文被冠上了以上三个人的名字，并于1948年4月1日愚人节那天发表。

如今，更多的人将伽莫夫的火球模型称为“大爆炸”理论。说来有趣，这个名字的得来其实源于一次嘲笑。在大爆炸理论刚提出不久的那些年，认可这种宇宙模型的天文学家很少。当时的科学界普遍认为这是一种奇谈怪论，是完全不足信的。与这种理论针锋相对的，是英国著名天文学家弗雷德·霍伊尔提出的“稳态宇宙模型”。这种理论认为，宇宙根本没有起点，一直在膨胀，新的物质不断地从无到有地产生。在 1949 年，BBC（英国广播公司）邀请霍伊尔参与制作过一个科普节目，在这次节目中，霍伊尔将伽莫夫的火球模型比喻为“大爆炸”，用以揶揄这个看起来无比荒唐的宇宙理论。出乎霍伊尔预料的是，自此以后，“大爆炸”一词反而很快走红，人们普遍认为这个描述实在再恰当不过了，也很生动，让人一听便能够记住。

尽管支持者很少，但伽莫夫一直对大爆炸理论具备足够的信心，因为这种宇宙模型是有足够的观测支持的，一个是哈勃定律，它表明宇宙一直在膨胀，另外一个是宇宙中氦元素的丰度。宇宙中元素的所占比例称为丰度。宇宙中丰度最大的两种元素是氢和氦，二者相加大约是宇宙中元素总质量的 98% 以上。据大爆炸理论，离原点时间越近，物质就越是高温高压高密集，越是分离成为更为“基本”的成分。大约在大爆炸 1 分钟之后，质子和中子开始形成。开始时，质子和中子的比例大致相等，但是在后来中子的比例却相对减小了。这是因为在当时的环境中，能量越低的粒子数目越多，能量越高的粒子数目越少，中子的质量比质子要大，因此能量相应地更高，数目也就比质子要少了。随着膨胀的持续，温度也进一步降低，质子数和中子数的差距被进一步拉大。大约在大爆炸发生3分钟之后，质子与中子的比例接近为7 ∶ 1。也就是在此时，最初的原子核制造机器开始运行，比质子更为复杂的原子核逐渐被制造出来。一个质子和两个中子可以形成氢的同位素氚原子核，氚原子核不够稳定，它将再与其他质子等作用，最后合成稳定的氦核。经过前后大约1个小时的核合成过程，宇宙中的元素丰度已经最终定下来。已知质子与中子的比例为7 ∶ 1，那么容易计算出来，此时氢和氦的质量比例为3 ∶ 1，宇宙元素的质量组成中75%是氢，25%是氦。伽莫夫大爆炸理论计算出的这个值，与现今的观测结果是基本相同的，因此它成为大爆炸理论的第二个强有力证据。

大约在20世纪60年代后期，大爆炸理论才逐渐被人们所广泛接受。伽莫夫认为，在宇宙形成的初始时期，电子的动能很大，游走在许多离子之间，原子核自身尚没有能力将其俘获。这样，原子核和核外电子没有稳定地结合为中性的原子，宇宙就像是一锅等离子态的“热汤”，质子、中子、电子、光子等粒子都混合在其中。这锅汤是颇为“浓稠”的，各种粒子的密度很大，每当光子想要从其中逃脱出来时，总是会一头撞在其他粒子身上，才传播了一点距离就被碰得转变了方向。可以说，此时的宇宙对光子来说宛若一个牢笼，光子在其中东撞西撞可就是不能出来。不过，由于宇宙的不断膨胀，这种情况发生了改变。宇宙的温度在不断降低，此时电子的能量已经不比从前，它已经“累”了，于是便回到了原子核的身边，二者终于结合为中性的原子，这个过程被称为“电子复合”。经过了电子复合过程，宇宙中的大部分粒子都有了各自的归宿，彼此之间紧密结合，不再像以前那样在空间中到处闲逛。于是在此时，这锅浓汤变得比原来“稀”了不少，光子撞到其他粒子的机会极大地减少了，光子解脱了束缚，现在它可以自由地在宇宙中穿行，宇宙放射出它诞生后的第一道光芒。

这第一缕光发生在宇宙形成大约 38 万年的时候，当时宇宙的温度大约在 3000℃，但根据伽莫夫的计算，这束光传播到今天的余热最多不过 10K。如果能够成功地探测到它，大爆炸理论将获得一个前所未有的最为有力的证据。不过，这个温度实在过低，只比绝对零度高一点，探测到的希望实在太渺茫了。

1964 年，贝尔实验室的两位工程师阿诺·彭齐亚兹和罗伯特·威尔逊为了研究来自宇宙空间的微弱的无线电波，迫切地需要一台更高灵敏度、更低噪声的大型天线装置。实验室附近山上有一架重达 18 吨的庞然大物，这原本是用来接收从卫星上反射回来的极微弱的通信信号的角喇叭天线，但不久这个功能便被更为先进的通信卫星所代替，因此只好废置不用。由于经费受限，彭齐亚兹和威尔逊便打起了它的主意，准备对它改造一番以供自己研究之用。在投入使用之前，他们二人花了数月的时间改装、调试这个天线，想尽办法降低噪声、提高装置灵敏度。可是有一个问题一直在困扰着他们，无论如何调试，接收器中总会收到一个同样的信号。无论他们将天线指向天空任何一个区域，这个信号都不会消失。彭齐亚兹和威尔逊根据经验想到，这个信号很可能并不是来自外部，而是天线本身存在问题。他们不得不将整个天线拆开，从内到外地彻底检查一番。这时他们发现，原来在天线的核心部分，居然有一只讨厌的鸽子在那里搭了一个窝，周围到处布满了“鸽子的白色排泄物”。彭齐亚兹和威尔逊见此情景哭笑不得，但不管怎么说，他们认为噪声的根由总算找到了。他们毫不留情地端掉了整个鸟窝，然后又仔细地清洗了一番。他们心想，经过这么一番折腾，那个烦人的噪声总该消失了吧？令他们大为光火的是，当他们再一次调试时，噪声依然存在！究竟是什么原因呢？他们百思不得其解。后来听说，在离此地不远的普林斯顿大学有一位叫迪克的物理学教授可能正在寻找这个信号，于是打电话过去询问。当迪克听闻来自贝尔实验室的这个消息时，他感到十分沮丧，对他的研究小组成员们说：“我们被别人抢先了。”原来，迪克已经苦苦寻找这个信号好多年了，为此还亲手设计专用的探测器，但遗憾的是，他一直没能成功。随后，迪克亲自驱车前往克劳福德山，在了解到这个信号的相关详细情况后，他确信这是热力学温度 3K 的热辐射，其能量主要集中在微波波段。迪克向彭齐亚兹和威尔逊表示，这个信号就是宇宙诞生 38 万年时放射出的第一束光，只不过由于宇宙的膨胀，原来的可见光已经红移形成微波，称为“宇宙微波背景辐射”。迪克坦诚地告诉彭齐亚兹和威尔逊，微波背景辐射是大爆炸理论最强有力的证明，这时二人面面相觑，他们从来没有听说过大爆炸理论，作为第一个发现者，自己对它的重要意义却浑然不知！

# 第五章

# 科学幻想中的真实

一个技术文明能够存在多久？是昙花一现还是千秋万代？它是否会遭遇来自自然界或自身造成的足以威胁生存的灾难？这些灾难会在什么时候降临？

## 一、寻找外星文明

在各种科学幻想题材中，有关外星智慧生物的情节可能是整部作品中最令人着迷的内容，人们任由想象力在这里驰骋。说来有趣，这一领域的开山祖师竟可追溯到约翰内斯·开普勒——天文学史上最响当当的名字之一。开普勒在年轻时产生过很多奇思妙想，在德国图宾根大学求学期间，基于哥白尼的日心说，他写过一本探讨月亮的天文学著作，对月球的昼夜、四季、两极、赤道以及在上面所见到的地球、太阳的景象等进行讨论，名为《月亮之梦》。不同于一般的天文学论著，在这部书正文的结尾部分，开普勒以自己“梦游奇境”的形式对月球上的智慧生命展开了大胆的想象：在月球表面上生活着一群身材高大的月亮居民，他们从泥地里生出，迅速地成长，然后走向死亡，生命周期非常短暂。为了躲避月亮上的酷热和严寒，这些月球人居住在深深的地洞之中。月球文明呈现出两种完全不同的景象，在朝向地球的一面，有城镇，有村庄，还有花园、防御城墙、护城河等，而在背着地球的一面，景象就相对荒凉了，只有田庄、森林和沙漠等。月球人有的能飞，有的善走，还有的可以在水里迅速地漂流或潜泳。通常他们只在夜里觅食，因为在那时，经过了白天烈日的炙烤，很多食物都已经被煮熟了……

尽管开普勒的月球梦境只是他丰富想象力的产物，但其关于月球文明的诸多描述却并非漫无边际。对于月球居民的存在问题，开普勒的态度是相当认真的，尤其是在获得朋友赠予的一架天文望远镜而观测到月球表面的种种凹陷和凸起之后，他更加倾向于月球人确实存在的观点。开普勒大胆猜测，甚至木星上也应该有居民生活在那里。那时，与他同时代的伽利略已经发现了 4 颗木星卫星，开普勒便设想，月亮的存在是为了我们这些生长在地球上的人，而不是为了别的星球。木星四颗卫星的存在是为了木星人，而不是我们。以此类推，每颗行星，以及它上面的居住者，都是为他自己的卫星所服务的。卫星因为行星上的居民而存在，木星像地球一样拥有卫星，所以它的上面也应当存在居住者——开普勒的这种看法实际上是一种“人择原理”，这在讨论地外文明存在问题时也算是一种较为常见的思路。

“我们在宇宙中是孤独的吗？”这是从古希腊延续至今的疑问。

像开普勒那样，古往今来，许多哲人、科学家都曾从不同的角度思考，提出过许多富有启发性的观点。这个疑问迄今为止仍没有明确的答案，目前我们仅能确定的是，至少在太阳系，人类是唯一创造出文明的智慧生物。倘若我们放眼更宽广的宇宙，比如说整个银河系，能够寻觅到某个知音又存在多大可能呢？

1960 年，美国天文学家弗兰克·德雷克（Frank Drake）在位于西弗吉尼亚州格林班克的国家射电天文台举行的一次射电天文学会议中提出了一个公式，用以估算现在银河系中技术和智慧文明的数量，这个公式后来又被人们称为“德雷克方程”。方程的表达形式如下：

$N=R^{*}\times f_{p}\times n_{e}\times f_{l}\times f_{i}\times f_{e}\times L$

其中，

$N$——现在银河系中高等智慧文明的数量；

$R^{*}$——银河系内恒星形成的速率；

$f_p$——有行星系统的恒星的比例；

$n_e$——位于合适生态范围内的行星平均数量；

$f_l$——以上行星发展出生命的概率；

$f_i$——产生生命的行星上演化出高等智慧生物的概率；

$f_e$——该高等生命发展出技术文明的概率；

$L$——技术文明的预期寿命。

接下来我们将逐一考察德雷克方程中的七项要素，尝试估算一下银河系中到底能找到多少地外文明。需要提前强调的是，依靠人类目前所掌握的信息，我们尚无法严格地确定以上诸要素，更不可能由此得到一个令我们满意的确切答案。不过，循着德雷克方程进行探讨，我们在对宇宙中外星文明进行估计时至少拥有了一条明晰的思路，对待这个问题时也能够做到更为理性。

**1. 恒星形成的速率**

在德雷克方程的七项要素中，只有这一项的数字可以相对准确地估计出来——已知银河系中至少有1000亿颗恒星，这个星系已经存在了100亿年，可计算得到，银河系中恒星的形成速率约为每年10颗。

**2. 具有行星系统的恒星的概率**

银河系中，一颗恒星拥有自己的行星系统的概率有多大呢？有多少恒星能够像太阳这样，有一颗或者更多的行星围绕着它转动？当一颗恒星诞生的时候，通常情况下，原恒星盘中也会同时在这颗新恒星的周围衍生出它的行星系统。由于观测能力的限制，这种说法迟迟没有得到确切的证据。要发现一颗太阳系之外的行星是极为困难的，它们体积很小，自身又不能发光，在茫茫银河系中要搜索到它们的存在，确实是大海捞针。随着科技的进步，人类的视野得以大大扩展，终于在1995年第一颗系外行星被瑞士日内瓦天文台的两位天文学家马约尔和奎罗兹发现。自此之后，天文学家们相继发现了越来越多的系外行星，时至今日已有900颗以上被官方确认，同时还有2500多颗系外行星候选者。按照目前的数据，大约有1/10的恒星被发现具有行星系统，但可以确定的是，这一数字其实远远低于实际情况，原因依然是观测技术和能力的限制，毕竟，系外行星实在太不起眼了。

### 3. 位于合适生态范围内的行星平均数量

一颗恒星的行星系统中，平均下来究竟有几颗宜居行星呢？要想成为宜居行星，它们必须通过一系列严苛的筛选——事实是大部分系外行星都无法达到这些要求。

第一，这颗行星必须位于银河系的宜居地带。我们知道，银河系的外围是那些年老的恒星，它们的形成年代较早，重元素含量稀缺，难以形成类地行星。即使形成了，也无法提供技术文明发展过程中所必不可少的原材料，要知道，铁、钙、硅等重元素对于一个智慧文明的形成至关重要。同样，与银河系中心相距太近也不是一个好主意。银河系的中心是一个“是非之地”，这里拥挤而又混乱，大量的新恒星不断诞生，超新星爆发等震撼事件也随时都会出现，这里的高能辐射极强，生命难以存活。只有离银河系中心既不太远，也不太近的地方，才能算得上是“星系宜居带”。

第二，行星所围绕的母恒星也必须属于某些特定的类型，它们既不能是小质量的 M 型恒星，也不能是大质量的 O 型或 B 型恒星。M 型恒星温度较低，行星与这类母恒星相距稍远便难以接收到足够的热量了，而且，通常这类恒星的表面活动也更为活跃，对于其恒星系统中生命的孕育十分不利。大质量的 O 型或 B 型星则位于另外一个极端，它们表面温度极高，辐射能量又集中在紫外线、X 射线等高能波段，行星只有远远地躲在外围地带才可能使生命存在。但这样一来，势必又将带来新的问题，外围行星的公转周期是极其漫长的，需要数百年上千年甚至数万年才能围绕母恒星转完一周，这对生命的形成和演化同样是极端不利的。与此同时，我们更要知道，大质量恒星的寿命是相当短暂的，生命很难在短短几千万或几亿年的时间内形成，更不消说发展出高等智慧文明了——纵使在某种极端特殊的情况下发展出来，也将很快随着大质量恒星的演化而一同走向毁灭。所以，宜居恒星候选者的范围便被进一步限制在光谱型为 F 型、G 型和 K 型的恒星之中了。

第三，行星必须位于所在恒星－行星系统的宜居带之内。以太阳系为例，地球和火星便处在宜居带之内，在此区域之内，行星获得的光和热恰到好处，保证了足够生命存活的液态水和大气的存在，使两个星球上生命的产生和繁衍成为可能。

### 4. 有生命产生的宜居行星的比例

1953年，科学家曾在实验室模拟了一次原始生命的诞生过程。他们准备了一瓶由水、甲烷、二氧化碳和氨组成的混合物，这与早期地球的环境十分接近。接着，科学家用电火花向瓶中混合物放电，模拟原始地球上闪电催生万物的情景。过了几天，科学家对瓶中成分进行分析，发现其中竟然有两种氨基酸生成。此后，很多人重复类似的实验，有的甚至发现有核苷酸碱基的成分！氨基酸和核苷酸碱基的出现，距离生命的最终产生已经不算太远。从这个实验中人们得知，反应中碳、氢、氧、氮等原子并不会完全随机地进行排列组合，相反，它们更“愿意”形成组成生命物质的某些特定分子，化学反应在朝着生命形成的方向前进。也就是说，只要给予足够的时间、适宜的条件和简单的原始材料，生命的形成远远没有想象中那么困难！后来在20世纪60年代天文学家利用射电望远镜在星际空间中先后发现了多种有机分子，1969年，研究人员又在澳大利亚坠落的一块陨石中发现了多种氨基酸，地球之外的这两个例子同样也可以作为上述内容的注脚。

实际上，形成生命的条件也许比我们预想的要宽泛许多。20世纪70年代以来，人们在探索地球上一些大洋的底部时，发现在海底热泉和“黑烟囱”（海底富含硫化物的高温热液活动区）附近，居然也有许许多多的奇特生物生活在那里，如某些管状蠕虫、蛤蜊、螃蟹等，科学家称之为“嗜极生物”。要知道，以前那里一直被认为是一片“生命禁区”。热泉喷口附近区域温度在300℃以上，深海高压超过200标准大气压，终年不见阳光，氧气极为稀薄，海水的酸度也明显偏高。可令人惊讶的是，凭借着不同寻常的本领，嗜极生物竟在这里安然无恙！地下的热源和黑烟囱喷发出来的无机物反而维持着它们的生存和繁衍，而无须依靠外界的物质和能量供给。这不禁令人想到，在我们看来是“生命禁区”的环境，也许对某些特殊类型的生命恰恰是一块乐土。还有，与地球上的碳基生命（生命构成以碳元素为基础）不同，也许宇宙中的某些生命是硅基或氨基的，而它们进行新陈代谢所需的液态介质也可能不是水，而是氟化硅、液氨等，它们生存的环境与我们的固有印象可能会大相径庭。总而言之，越来越多的新发现似乎指向了这样一个事实——宜居行星上出现生命的概率可能是非常大的。

**5. 产生生命的行星上演化出高等智慧生命的概率**

就我们目前所知，宇宙中唯一的高等智慧生命只有地球上的人类。人类发达的大脑乃是生物进化的产物，从最简单的生命诞生的那一刻算起，总共经历了漫漫30多亿年的时间。因此可以说，智慧文明的产生是非常难得的。但回顾我们地球上物种起源的历史，简单的生命向更高级别的方向进化，其实是一个不可避免的事情。假设这个规律同样适用于地外生命，那么，只要给予足够的时间，高等智慧生命出现的概率将会接近甚至完全达到100%。

**6. 高等生命发展出技术文明的概率**

大多数人认为，高等智慧生命发展出技术文明仅仅是时间问题而已，也就是说，这种概率可能达到100%。鉴于我们所知甚少，因此我们同样无法否认，也许地球之外的某些高等智慧生物偏偏只喜欢每天闭目冥想或蒙头睡大觉，没有能够发展出最基本的技术，或者本有能力发展一些技术但完全拒绝技术的使用——这种情况我们同样要一本正经地考虑在内。

**7. 技术文明的预期寿命**

一个技术文明能够存在多久？是昙花一现还是千秋万代？它是否会遭遇来自自然界或自身造成的足以威胁生存的灾难？这些灾难会在什么时候降临？这个技术文明又是否能够逃过此劫而顺利地延续下去？所有这一切都是无法预测的，因此不同的人给出的技术文明预期寿命的估计差异也极大。此处的数值几乎无法估计。

### 8. 计算结果

对于德雷克方程所估算出的最终结果，天文学家们也没有得出统一的意见，乐观派认为银河系中的智慧文明数量高达数亿个，中间派认为大约有几百万个，而悲观派则认为这个数字不会超过 100 个，其中很多人甚至确信只有唯一的一个——地球文明。

实际上，在德雷克方程提出的几十天之前，弗兰克·德雷克在美国西弗吉尼亚州的“绿岸”基地（Green Bank），已经开启了地外文明探索（Search for Extra-Terrestrial Intelligence，SETI）的第一个实验项目，称为“奥茨马计划”。德雷克设想，假如宇宙中确实存在外星人，他们将有可能通过无线电波表明自身的存在，向宇宙的其他区域寻觅知音。因此，当我们捕捉到来自宇宙的某种奇特而又耐人寻味的无线电信号时，经过甄别、分析甚至破译，我们或许就能够确认地外文明的存在，甚至实现与他们的第一次交流。作为地外文明探索的先驱，德雷克及其同事开始借助国家射电天文台 26 米直径的射电望远镜，对来自遥远太空中的无线电波进行监听。他们知道，这项搜索工作的重点是距离我们不甚遥远的 F 型、G 型和 K 型恒星附近，毕竟那里存在智慧文明的概率更大。同时也要注意，无线电搜索无法在所有波段进行，那样无异于大海捞针。可以猜想，外星文明或许更偏好某些特殊的频率，在此区间内接收到他们信息的概率更大，因此，无线电监听的重点也应放在这里。

很多天文学家一致认为，18cm 与 21cm 波段可能最有希望获得收获。宇宙中最基本的成分是氢，氢原子发出自然辐射的波长正是 21cm；同时，宇宙中最简单的分子基因之一羟基（-OH）在 18cm 处发出辐射，而它与氢原子结合的产物就是水（$H_2O$）——它对于生命的重要性无须再多赘言。还有，此波段的无线电信号在穿越星际层层尘埃与气体时，其损失也相对更少，这理应成为外星人对外广播的上佳选择。

在 20 世纪六七十年代，寻找地外文明一度十分热门，很多类似的研究同时开展。但遗憾的是，时至今日仍然一无所获。这究竟是为什么？多年以来，人类付出了那么多的努力苦苦找寻，如果地外文明确切存在的话，我们至少应该已经发现了它的一些踪迹，可事实却并非如此——这个问题后来被称为“费米悖论”。1950 年，著名物理学家费米（Enrico Fermi）在午餐中曾和同事们聊起这个话题，他说：“如果地外生命存在的话，他们应该已经出现了。”就这样，这个有关地外文明探索的悖论，借着一位杰出物理学家的盛名而广为人知，引起相当广泛的讨论。

对于费米悖论的解决方案，主要分为这样三种观点：（1）不存在外星文明；（2）外星人已经出现了，已经同我们有过接触；（3）存在外星文明，但未与地球文明接触。

先说第一种观点，即根本不存在外星文明，宇宙中唯一的高等智慧生物就是地球上的人类。持此观点者认为，人类文明的诞生乃是极其难得的巧合，无数苛刻的限制相叠在一起，结果只有人类能够恰好满足这些条件，稀有而又稀有，难得而又难得，好比是向天上抛出一些砖瓦，掉下来正好搭成了一座房子。我们有理由认为，宇宙中那种种精密的参数，就仅仅是为了人类文明的诞生而刻意设置。尽管从哥白尼以来，人类越来越意识到宇宙的广袤并逐渐接受自身处境的平凡，但在这一点上，人类仍有理由保持骄傲。人类是唯一的智慧生命，宇宙因他们而存在，天上地下，唯人类独尊。

第二种观点，即地外文明与人类已经有过接触，最起码发现过他们留下的某些蛛丝马迹。同意这种观点的人不在少数，最典型的例证便是种种有关不明飞行物（Unidentified Flying Objects，UFO）的神秘传说。几十年来，世界各地所谓的“UFO 事件”层出不穷，到处都有人声称亲眼看到过外星人的飞船，有的甚至自称曾被外星人绑架。这些新闻每次都足以令人们猎奇的感官瞬间兴奋起来，大脑袋的小绿人和悬浮在空中的飞碟，早已是很多人有关外星文明的固有印象。但是我们要说，几乎所有的 UFO 事件都能够找到一种更为简单和平实的解释，尽管与外星人现身的看法相比，它们失去了离奇悬疑的趣味，但却更接近事实真相。经过大量的调查和仔细的分析，人们通常看到的 UFO 都可以归因于某些不常见的天文现象（如大气扰动下的星光、一些尾迹较长的流星等）、大气事件（如日晕、极光等特殊光作用以及大气中某些罕见的放电现象）或人造物体（一些人造飞行器的反光现象或某些不常见的新式武器的模糊影像）等，而还有很大一部分干脆纯属好事者蓄意散播的谎言和精心设计的骗局。我们知道，随着科技的进步，世界各地城市中的监控设备越来越普遍，每个人随身携带的手机也都具备了照相、摄像的功能，捕捉和记录 UFO 的踪迹要比以前容易得多了。但我们发现的事实却与此恰恰相反，大多数有关 UFO 出现的证据都是以前的影像，近些年的反而极其稀少。这说明，资料越是翔实、越是确切，就越倾向于这样的解释——外星人很可能从没有乘坐着他们奇怪的飞行器光临过地球。

很多天文学家和科幻创作者都认为，外星人与我们的接触方式可能并不像我们通常设想的那么简单和直接，而是以一种异乎人类常规思维、更加难以理解的形式在进行。美国天文学家约翰·鲍尔提出的“动物园假想”最富启迪意义。作为地球上唯一的高等智慧生物，如今的人类已成为这个星球上所有动物的主宰，但并没有将野生动物赶尽杀绝，而是为它们设置了若干自然保护区和野生动物园。这些地方的动物的生活并没有发生什么明显的变化，也不会觉察出周围人类所施加的影响。但事实上人类不仅早就已经出现，而且是整个野生动物园的管理者，主宰着这些动物的一切。约翰·鲍尔由此大胆猜测，实际上外星人早已出现，并且特意将地球留置出来作为任由人类自在发展的“野生动物园”。外星智慧文明要远远领先于人类，他们拥有的技术能力足以使我们无法感知他们的存在，而他们，此时正在默默地俯视着我们，所有的一举一动都在他们的掌控之中。还有一些观点与“动物园假想”大同小异，如“天文馆假想”“隔离假想”等，这些观点都认为高度发达的外星文明随时都在操纵着我们周围的一切，对于落后的人类来说，他们近乎上帝般全知全能。除此之外，还有一些人认为外星智慧生命的存在形态或交流方式等可能与我们传统意义上的认定大为不同，例如，他们（或者更确切应该称“它们”）可能是一种有智慧、有生命的星光，抑或是某种能够瞬间完成特殊模式信息传递的气泡，等等。在这方面，最经典、最具思想性的当数波兰科幻文学大师斯坦尼斯拉夫·莱姆在其代表作《索拉里斯星》中所描述的：一个被红色胶质大洋所覆盖的神秘星球，它本身实际上就是一种处于婴儿阶段的某种超级外星文明，能够用一种近乎游戏的手段探知到人类头脑中最隐秘的角落，而人类却始终难以真正地认识它……

最后谈一谈解释费米悖论的第三种观点：地外文明是存在的，但他们仍然没有与人类有过接触。可能的原因非常多，比如：地外文明与我们相距极为遥远，他们的信息尚不能传达到地球；他们更愿意停留在自己的星球自给自足，对于其他文明没有兴趣；相对于宇宙中的其他地方，地球文明远远没有足够的吸引力；地外文明已经尝试向地球通信，但由于某种隔阂而无法被我们有效接收；地外文明在实现与其他星际文明交流之前，将会达到发展的“奇点”，被某种技术带来的负面作用所最终毁灭；尽管有无数个外星文明存在着，但是只有人类自己唯一地落在我们的量子视界之内……除上述讨论之外，还有一种见解触动了人们紧张的神经，引起很大范围内的讨论和更为深刻的思考，即：宇宙中的其他文明之所以没有显露出他们的任何消息，是因为不同文明之间存在着一种深深的恶意，彼此之间存在着某种生存竞争，落后的文明将遭到入侵甚至毁灭，正如诺贝尔奖获得者、射电天文学家马丁·赖尔（Martin Ryle）所说：“外太空的任何生物都有可能是充满恶意而又饥肠辘辘的。”因此，外星文明普遍选择了保持沉默，避免向外太空发出任何信息，抹掉可能暴露自己的一切痕迹。正是这个缘故使得人类尽管多年以来仔细监听来自宇宙的每一丝最细微的声音，但却终究一无所获。

如果这种见解真的是“费米悖论”的最终答案的话，那么人类应当为此前的一些探索行为心有余悸，因为人类除了在地球上主动地监听来自外太空的信息之外，还尝试开展过看起来极为危险的 METI 计划。

METI 是向地外文明发送信息（Messaging to Extra-Terrestrial

Intelligence）的英文简称，是一种向地外文明寻求接触的主动行为。METI 计划的发起人、著名天文学家卡尔·萨根等人认为，人类之所以迟迟没有发现外星文明，只是因为遥远的他们还不知晓人类的存在，因此，可以通过向外太空发射定位无线电信号来向地外文明广播人类的信息，方便他们尽快与人类完成接触。1974 年 11 月 16 日，美国康奈尔大学的阿雷西博天文台向 24000 光年之外的 M13 球状星团发出了一份独特的“电报”，频率为 2380MHz（波长 12.6cm），信息量为 1679 比特，持续时间达 3 分钟。这份电文用二进制编写，用 1679 个“0”或“1”表达了有关人类的诸多信息，如人类的大致身高、地球的粗略位置、人类所掌握的十进制计数法、DNA 的简单描述，等等。“阿雷西博信息”项目是 METI 的首次尝试，此后俄罗斯、加拿大等国相继效仿，数十年间前后总共进行过 4 次，目标位置、信息量、持续时间等都有不同。除主动向外太空发射电磁波以外，科学家还设法使一些飞出太阳系的宇宙飞船成为沟通地外文明的使者。20 世纪 70 年代，美国发射了“先驱者 10 号”和“先驱者 11 号”两艘飞船前往探测太阳系的外行星，在完成目标任务之后，它们将飞离太阳系，最后在宇宙深处流浪。卡尔·萨根设想，也许在机缘巧合之下这两艘飞船最终能够与外星人相遇，并为此精心设计了一种坚固的镀金铝片放置在飞船上，期待着外星人能够从上面描述的信息中了解到人类的存在。这块特制的金属片长 23cm、宽 15cm，上面绘制的图案表达了极为丰富的信息。图案的右半部分是两个裸身男女，代表飞船的发射者——地球上的人类，而男女的大小则是根据他们身后的弓形的相对比例绘制而成。这个弓形表达了凸透镜聚光的原理，寓意人类已经掌握了光学的大量知识。图中左半部分中央是 14 根射线，代表当时人类已知的 14 颗脉冲星及其与太阳的距离和方位，外星人能够据此了解到地球的所在。左上方的两个小圆圈的意思是氢分子由两个氢原子组成，最下面一排大小不一的圈圈点点则象征着我们所在的太阳系。此后，在 20 世纪 80 年代，两艘“旅行者号”飞船又进行了类似的尝试，分别携带了一台特殊的电唱机和一张喷金的铜唱片。唱片名为《地球之音》，以图像编码信号形式将代表人类文明的 116 幅照片收录在内，并精心录制了地球上的多种自然声音、27 首世界名曲及 55 种不同语言的问候。到现在，历经多年的行程，“旅行者号”已经飞出太阳系，飞向了更辽阔的恒星际空间，也许离外星人更近了一步……

METI 计划自其实施以来就一直备受争议，很多科学家表达过强烈的反对声音，他们认为这是一种轻率的冒险和不计后果的偏执，并呼吁颁布相关的国际禁令来阻止这种后患无穷的行为。美国天文学家、著名科幻作家大卫·布林曾表示，人类应当像宇宙中的其他高级文明一样，谨慎地保持沉默：“在我们了解更多以前，从地球向外发射任何信号，都有可能是在做一件傻事。人类实施这种行为，就好像一个傻孩子，在一片未知的黑暗森林中，用尽全身力气大喊：‘你好！’”

## 二、在时空中穿梭

1985年，卡尔·萨根创作了小说《接触》(又译《超时空接触》)，主题是人类与更先进的外星智慧生物之间的一次意味深长的邂逅。故事的女主人公名叫埃莉·爱罗伊，她自幼便对外太空的神秘充满好奇，长大后如愿以偿地成为一名地外文明探索领域的专家，并坚信自己能够在未来某日成功地同外星人实现接触——显然，女主角便是萨根本人在这部科幻作品中的一种投射。爱罗伊近乎宗教般的信心果然没有被辜负，在后来某日，她在工作站竟真的收到了一组来自26光年之外织女星的奇怪信号！经过努力，埃莉最终破译出外星人发来的一份时间机器的制造说明书。在同事们的协作下，时间机器最终建造完成，埃莉乘坐它穿越黑洞，到达银河系中心的一个站点与外星人相会……

卡尔·萨根在完成这部作品后，对于其中时空穿梭相关情节的设计仍有所不安。尽管他是一位卓有建树的行星天文学家，但在涉及相对论领域的诸多问题上却没有足够的把握。因此，萨根给自己的好友基普·索恩拨通了电话，希望他能够帮助自己，检视新书中的相关描述是否足够科学和准确。索恩很爽快地答应了，毕竟以前萨根还给自己介绍过女朋友，对自己这个不懂打扮的单身汉来说简直是久旱甘霖，这份人情不得不还。他很仔细地阅读了书稿，不禁被这部书瑰奇的想象和深刻的哲学思辨所深深折服。但在本书的后半部分，索恩发现了不妥之处：女主角埃莉·爱罗伊从太阳系穿越到织女星，居然通过的是一个黑洞。索恩确信，在强大的潮汐力的作用下，女主角的血肉之躯注定要在这连光都无法挣脱的深渊中彻底毁灭，很难想象她能够活着出来，更不可能将其作为一条直通织女星的便捷隧道。于是，基普·索恩给卡尔·萨根回复说："如果想要快速到达织女星，那么我们的女主角需要的是一个虫洞，而不是一个黑洞。而且，这个虫洞不能够断裂，是一个可以穿行的虫洞。"

虫洞，就是虫子咬出的洞。看下面的示意图，一只蚂蚁在一只苹果的表面爬行，这个小家伙从苹果表面的 A 点出发要前往 B 点，通常它需要沿着苹果的表面兜一大圈，但是，假如苹果内部存在着一个被虫子蛀食的小洞，能够使 A 点与 B 点之间直接打通，那么蚂蚁通过这个虫洞便能够非常快地穿行到达目的地。这是来自日常生活的一个很直观的例子，实际上，我们人类好比这只蚂蚁，而宇宙就像这只苹果。对于一只蚂蚁来说，它生活在二维宇宙中（它可以前后左右任意行进，却不能够向上或向下，宇宙对它来讲就好像一幅卷曲的画），苹果的内部对它而言是高维超空间，它无法像我们一样超脱出来看到一个三维立体的世界，而虫洞的壁可看作二维宇宙的一部分。同样的道理，人类生活在三维宇宙中，也无法抽离出来看到四维乃至更高维度的超空间，因此若要实现从一个时空迅速穿越到另外一个时空，我们能够期待的某条捷径便是这里所说的"虫洞"。借助虫洞，我们可以在极短的时间内穿越到我们想去的任何一个遥远的时空。

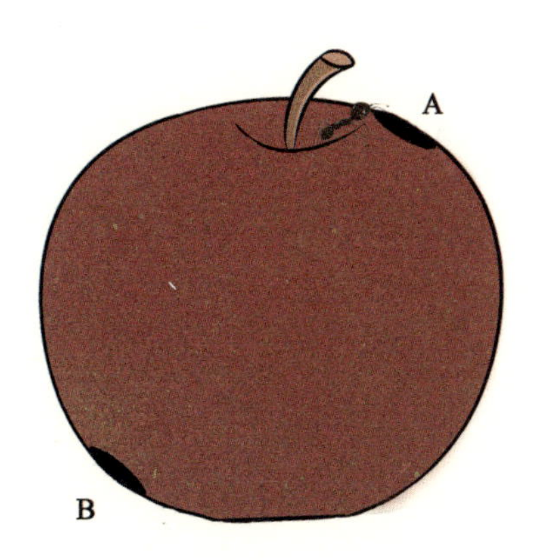


蚂蚁和虫洞

虫洞的历史最早可以追溯到1935年，爱因斯坦和他的助手内森·罗森（Nathan Rosen）从广义相对论方程出发，得到了一个特殊的解，它描述的是唯一一个严格球对称并且其中不含任何引力的虫洞，这被称为爱因斯坦－罗森桥。实际上，早在19年前，爱因斯坦广义相对论方程刚刚公之于世的时候，奥地利科学家路德维希·福拉姆（Ludwig Flamm）便计算出了这个结果，只不过他的研究一直没有得到人们的重视，爱因斯坦和罗森仅仅是重新发现了他的结论，因此，爱因斯坦－罗森桥又被称为“福拉姆虫洞”。福拉姆虫洞是最早发现的虫洞，它本身是三维的，但我们从中间截取下它的切片，那么它和我们的宇宙都将是二维的，样子如下图所示。此时，宇宙是图中上、下两个片所组成的曲面，空余的部分属于更高维的空间（超体），而右侧喉咙状的空洞便是连接两个宇宙之间的桥梁——爱因斯坦－罗森桥。从A点到B点，我们可以通过这座桥梁沿着蓝色的路径直接到达，而不必像红色路径那样绕上一大圈。

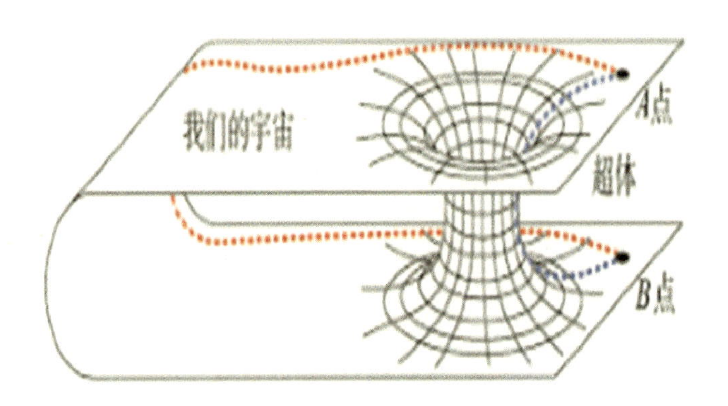


在现代物理学领域中，恐怕没有哪一个比约翰·惠勒更懂得起名字的艺术，“黑洞”“无毛定理”等名字形象又生动，同时又抓住了它们的本质，让人一听便难以忘却。现在我们谈到的“虫洞”，这个名字也是惠勒的创意。当然，他对虫洞的贡献远不限于起一个名字而已。1962 年，约翰·惠勒和他的学生罗伯特·富勒（Robert Fuller）经过研究发现，虫洞并不像此前人们所认为的那样是静态的、稳恒不变的，而是有着诞生、膨胀、连通、死亡这样一系列的过程的。起初，我们的宇宙有两个相互独立的奇点，随着时间的流逝，两个奇点终于在宇宙的高维超空间里面相互连通。接下来，虫洞开始发育，不断生长，膨胀起来。后来，它又走向衰老，不断收缩，然后断开，最后又留下两个独立的奇点。经过深入的计算，惠勒师徒得出结论，虫洞的生命历程极其短暂，诞生、膨胀、收缩、断开都是在极短的时间内完成，任何东西都无法在这样短的时间内从虫洞的一端穿越到另一端，甚至光也不能。也就是说，假如在宇宙的某个未知的地方真的存在一个虫洞，我们也绝对不可以轻率地钻进去，我们应当牢记，在完成穿越之前，虫洞就会断开，而穿越者也将随之毁灭。

建造出一个可穿越的虫洞，这究竟是否可能？最早对这个问题进行探索的是惠勒的学生基普·索恩，而其缘起正是本文开头提到的那个事件。所谓“可穿越”的虫洞，指的就是能够较长时间保持连通状态而不发生断开的虫洞，它能够保证时空旅行者安然无恙地通过。通过对爱因斯坦－罗森桥切面的观察，我们可以知道，当一束光射入虫洞时，它的形状将会发生改变，先是逐渐变窄，在喉咙处发生汇聚，接着又渐渐发散，终于在另一个洞口处射出。虫洞的这一特点，很容易令人联想到一面凹透镜对光线的改变。物质能够使时空发生弯曲，在大质量天体的附近，光线将会向内弯曲，就好像一面凸透镜，即引力透镜现象。两相比较，我们发现虫洞与大质量天体的作用竟是刚好相反！由此，基普·索恩突然想到，如果宇宙中存在一种由“奇异物质”构成的天体，它本身的质量为负值，那么我们将会看到令人惊讶的一幕，光线经过它时将不再向内弯曲，恰恰相反，将会如虫洞一样：光线向外弯曲！进一步地，索恩得出结论，具有负质量的“奇异物质”能够成为建造可穿越虫洞的基本材料。根据爱因斯坦的质能方程，质量和能量是等效的，因此，如果具备负能量也同样行得通。

索恩的发现令人大大地兴奋，至少为我们指明了建造虫洞需要努力的方向。现在的问题是，负能量究竟是否真实存在呢？我们没有失望，答案是肯定的，因为早在 1948 年荷兰物理学家亨德里克·卡西米尔（Hendrik Casimir）就在实验室中真切地发现过它。卡西米尔研究了真空中的两块平行放置的金属板，它们本身均不带电，但出人意料的是，二者之间似乎产生了一种奇妙的微弱相互作用，彼此向中间靠近，这被人们称为“卡西米尔效应”。要解释这种效应实际上必须涉及量子力学，简单来讲，真空不是绝对的空无一物，其中不断地产生虚的光子对，接着又反复地彼此湮灭，但是两块金属板的存在限制了板间虚光子的数目，使得金属板外部的虚光子远远多于两板之间的虚光子，从而形成了一种对金属板向内的压力，导致它们最终互相靠近。真空是能量的零点，但两块金属板之间的虚光子数目比真空中还要更少，那么能量也相应地更低，所以便呈现出负能量。此后，在 20 世纪下半叶，物理学家相继又认识到，在黑洞边缘附近、压缩真空的某些区域也同样能够出现负能量。可以确定无疑，建造虫洞所需的基本材料在宇宙中是能够找到的。看起来，似乎可以准备收拾好行李箱来一次时空旅行了。

且慢！我们知道，如果有人试图接近黑洞，那么他将难免被巨大的潮汐力撕碎。同样的道理，如果有人想要通过虫洞实现时空旅行，他也必须做好准备迎接虫洞张力带来的严峻考验。根据广义相对论，虫洞附近的时空曲率变化很大，引力分布极不均匀，虫洞的张力将会是极其恐怖的——贸然进入的时空旅行者可能要大祸临头，头和脚将被撕开，胸和背被挤得贴成薄片，接着被彻底撕成碎片，粉碎成一颗颗原子，到了最后，即使是原子也将被扯碎，彻底成为一长串亚原子粒子从虫洞另一端飞出……

怎样做才能够避免发生这样的悲剧？答案是：建造一个足够大的虫洞。研究表明，张力与虫洞半径的平方成反比，也就是说，洞口越大，张力越小，时空旅行者就越安全。但是，建造一个大的虫洞谈何容易！只说建造一个能够保证原子不被撕碎的虫洞，需要的“奇异物质”是多少呢？答案是：银河系所有发光物质质量的 100 倍！至于保证时空旅行者不被撕碎所需的“奇异物质”究竟要多少，那更是想都不敢想了，其半径可能要几十光年！物理学家在对卡西米尔实验进行测定后得出结论，当两块金属板相距 1 米时，每立方米仅仅有 $10^{-44}$ 千克“奇异物质”，实在太少。一方面是虫洞的巨大需求，另一方面却是“奇异物质”的极度珍稀，这样的矛盾，不免令怀有时空旅行幻梦的人灰心。在人们最感兴趣的几种科幻情节中，穿越虫洞可能是最难以实现了，也许下个星期二我们便能够在电视上看到外星人到访的消息，70 年后我们就能够在火星上住上一段时间，200 年后我们的后辈就能够乘坐接近光速的航天器飞行，但是我们无法想象在短短几百年内有人能够把宇宙像一张纸一样折叠起来，然后扎出一个洞，通过这个时空隧道完成他浪漫的旅行。因此，无怪乎索恩说，可穿行虫洞的唯一希望只能寄托在某个超级发达的外星文明上。

或许吧，也许某天我们真的能像索恩主创的电影《星际穿越》中描述的那样，在技术上最终实现建造虫洞的神迹，但仍然有一系列令我们头疼的难题，令我们难以自圆其说。譬如人们最津津乐道的“祖父悖论”，说的是有一个坏蛋通过虫洞穿越到过去，见到了自己祖父小时候的样子，然后开了一枪将幼年祖父当场打死。悖论在于，如果坏蛋将幼年的祖父打死，那么后来自己的诞生必定是个不可能的事，又怎么会存在后来穿越虫洞的行为呢？又如日本经典动画片《哆啦 A 梦》中的一个情节，上高中的大雄因为考了零分而被家人责骂，全部归因于幼年自己的懒惰和不思进取，于是钻进书桌抽屉穿越到了童年时代，准备让上小学四年级的自己发愤读书。同样的问题出现了，假如四年级的大雄发愤读书，那么上高中的大雄就会学业顺遂，又哪需要穿越到过去做这一番努力呢？穿越时空所带来的这类问题，通常被称为“因果佯谬”，它往往会成为我们讨论时空旅行时的一个死结。“香蕉皮机制”可能是解决因果佯谬的一种最有趣的方案。当你面对因果佯谬而陷入彻底的茫然时，一个扔在地上的香蕉皮可能救你脱离苦海。在前面的例子中，当坏蛋掏出手枪赶上前去准备扣动扳机给自己的祖父来上一枪时，恰好踩到了地上的一块香蕉皮摔得四脚朝天，刺杀祖父的任务失败——于是，后来祖父顺利地长大、与祖母结婚、生儿育女，并最终得到了一个孙子，而未来的他将会穿越虫洞向自己行刺……这样，因果佯谬便以这种极其偶然甚至有些荒诞的方式被解决了。同样，上高中的大雄尽管回到了小学四年级，却可能因为上学路上不小心踩到香蕉皮而摔坏了脑袋，成绩依然不会变好。当然，所谓“香蕉皮机制”并非特指一块香蕉皮引发的效应，时空旅行过程中所有那些避免因果佯谬的偶然事件都可归为此类。也就是说，不管经历怎样的偶然和曲折，未来终究还是要与历史达成某种和解。

另外，关于时空旅行的可行性还有一个比较有意思的诘难：为什么我们从没有遇到过来自未来的旅行者？按理说，随着科学技术的发展而实现时空旅行之后，应该有为数不少的未来人类愿意穿越到我们这个时代走上一遭，可是，这样的访客我们却一个也不曾遇到。因此有人说，即使时空旅行在未来已成家常便饭，它仍要面临诸多限制，至少是无法穿越到这种技术实现之前的时代。

从赫伯特·乔治·威尔斯的《时间机器》（那时爱因斯坦的相对论尚未问世）到艾萨克·阿西莫夫的《银河帝国》，从卡尔·萨根的《接触》到诺兰兄弟和基普·索恩的《星际穿越》，虫洞的概念从开始萌发到雏形初具再到深入发展，前后已经跨越100多年了。应当说，与其他常见科幻元素相比，虫洞所受到的桎梏相对较少，表现形式相对简单，读者或观众也更容易理解和接受。现如今，虫洞已是最受科幻作家欢迎、出现频率最高的科幻概念之一，在特定作品中往往成为科幻作家构建整体框架、推动情节发展时最不可或缺的工具。